『十四五』时期国家重点出版物出版专项规划项目

水旱灾害

中国水利水电科普视听读丛书

中国水利水电科学研究院　组编

吕娟　主编

中国水利水电出版社
www.waterpub.com.cn

·北京·

内容提要

《中国水利水电科普视听读丛书》是一套全面涵盖水利水电专业、集视听读于一体的立体化科普图书，共14分册。本分册为《水旱灾害》，分为洪涝灾害和干旱灾害两篇。系统介绍了洪涝和干旱灾害的基本概念、历史发展、重大灾害事件以及灾害影响和应对措施。

本丛书可供社会大众、水利水电从业人员及院校师生阅读参考。

图书在版编目（CIP）数据

水旱灾害 / 中国水利水电科学研究院组编. -- 北京：中国水利水电出版社，2023.5
（中国水利水电科普视听读丛书）
ISBN 978-7-5226-0844-0

Ⅰ. ①水… Ⅱ. ①中… Ⅲ. ①水灾－灾害防治－普及读物②旱灾－灾害防治－普及读物 Ⅳ. ①P426.616-49

中国版本图书馆CIP数据核字（2022）第121244号

审图号：GS（2021）6133号

丛书名	中国水利水电科普视听读丛书
书名	水旱灾害 SHUIHAN ZAIHAI
作者	中国水利水电科学研究院 组编 吕娟 主编
封面设计	杨舒蕙 许红
插画创作	杨舒蕙 许红
排版设计	朱正雯 许红
出版发行	中国水利水电出版社 （北京市海淀区玉渊潭南路1号D座 100038） 网址：www.waterpub.com.cn E-mail:sales@mwr.gov.cn 电话：（010）68545888（营销中心）
经售	北京科水图书销售有限公司 电话：（010）68545874、63202643 全国各地新华书店和相关出版物销售网点
印刷	天津画中画印刷有限公司
规格	170mm×240mm 16开本 13.25印张 146千字
版次	2023年5月第1版 2023年5月第1次印刷
印数	0001—5000册
定价	88.00元

《中国水利水电科普视听读丛书》

《水旱灾害》

主　　编　吕　娟

副 主 编　韩　松　高　辉

参　　编　马苗苗　屈艳萍　苏志诚　王　杉
徐卫红　杨晓静　俞　茜　张学君
宋文龙　卢奕竹

丛书策划　李亮
书籍设计　王勤熙
丛书工作组　李亮　李丽艳　王若明　芦博　李康　王勤熙　傅洁瑶
芦珊　马源廷　王学华
本册责编　芦珊　李亮

序

党中央对科学普及工作高度重视。习近平总书记指出："科技创新、科学普及是实现创新发展的两翼，要把科学普及放在与科技创新同等重要的位置。"《中华人民共和国国民经济和社会发展第十四个五年规划和2035年远景目标纲要》指出，要"实施知识产权强国战略，弘扬科学精神和工匠精神，广泛开展科学普及活动，形成热爱科学、崇尚创新的社会氛围，提高全民科学素质"，这对于在新的历史起点上推动我国科学普及事业的发展意义重大。

水是生命的源泉，是人类生活、生产活动和生态环境中不可或缺的宝贵资源。水利事业随着社会生产力的发展而不断发展，是人类社会文明进步和经济发展的重要支柱。水利科学普及工作有利于提升全民水科学素质，引导公众爱水、护水、节水，支持水利事业高质量发展。

《水利部、共青团中央、中国科协关于加强水利科普工作的指导意见》明确提出，到2025年，"认定50个水利科普基地""出版20套科普丛书、音像制品""打造10个具有社会影响力的水利科普活动品牌"，强调统筹加强科普作品开发与创作，对水利科普工作提出了具体要求和落实路径。

做好水利科学普及工作是新时期水利科研单位的重要职责，是每一位水利科技工作者的重要使命。按照新时期水利科学普及工作的要求，中国水利水电科学研究院充分发挥学科齐全、资源丰富、人才聚集的优势，紧密围绕国家水安全战略和社会公众科普需求，与中国水利水电出版社联合策划出版《中国水利水电科普视听读丛书》，并在传统科普图书的基础上融入视听元素，推动水科普立体化传播。

丛书共包括14本分册，涉及节约用水、水旱灾害防御、水资源保护、水生态修复、饮用水安全、水利水电工程、水利史与水文化等各个方面。希望通过丛书的出版，科学普及水利水电专业知识，宣传水政策和水制度，加强全社会对水利水电相关知识的理解，提升公众水科学认知水平与素养，为推进水利科学普及工作做出积极贡献。

丛书编委会

2022年12月

前言

洪水与干旱均为自然现象，洪水和干旱演变成灾害，其发生、发展与衰减的过程，因人类活动的干预和影响，可能被放大，也可能被抑制或减轻。我国幅员辽阔，地形地貌复杂，气候多变，自然灾害频发。其中，洪涝及干旱灾害发生之频繁、影响范围之广、造成损失之大均居前列。据统计，我国自公元前206年至1949年，平均每年会发生一次较大洪灾或干旱灾害。千百年来，人们在与洪水旱魔抗争中求生存、谋发展。当前，洪涝和干旱灾害是我国危害最大、造成损失最严重的自然灾害，对人民生命财产、国民经济建设构成严重威胁，影响经济社会的发展和稳定，是我国经济社会持续发展的心腹之患。防御水旱灾害，减少灾害损失，关系到社会安定、经济发展和生态环境的改善。

中华人民共和国成立以来，中国共产党和政府领导全国人民进行了大规模的水利建设，在防洪抗旱减灾方面成绩斐然。各主要江河基本形成了以水库、堤防、蓄滞洪区或分洪河道为主体的拦、排、滞、分相结合的防洪工程体系和水文预测预报、预案、法规等防洪非工程体系，防洪减灾效果明显。同时，兴建了大量的蓄水、引水、提水、调水工程，形成了比较完善的供水工程保障体系，并在法律法规、工作制度、规划预案、监测预测预警等方面，完善了非工程措施体系，全面提高了抗御旱灾的能力，有力支撑了经济社会的高速发展。面对全球气候变暖趋势下致灾天气事件极端性、不确定性加大，迅猛城镇化进程中洪涝与干旱灾害风险增大，城乡群众对水安全保障的要求不断提高，我国防洪抗旱减灾能力有待加强，防灾减灾仍是一项长期而艰巨的任务，不仅需要国家大力投入，也需要面向社会大众广泛科普防洪抗旱减灾知识，需要全民积极参与配合，才能最大限度地减轻灾害损失。

参与本分册编写的人员及其分工如下：洪涝灾害篇由韩松、王杉、徐卫红、俞茜和宋文龙负责编写；干旱灾害篇由高辉、屈艳萍、马苗苗、苏志诚、张学君、杨晓静、卢奕竹负责编写。全分册由吕娟统稿。在本分册编写过程中得到了中国水利水电科学研究院防洪抗旱专家的指导，参考了有关文献资料，也得到有关专家、学者、同行和出版社编辑的帮助，在此一并表示感谢。

由于作者水平有限，分册中难免有疏漏或错误之处，敬请广大读者批评指正！

编者

2023年3月

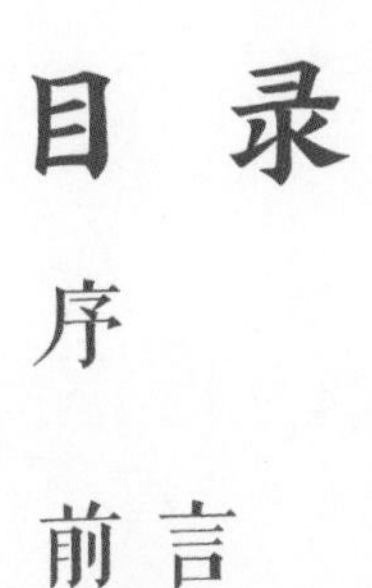

目 录

序

前言

● 上篇 洪涝灾害

◆ 第一章 认识洪涝灾害

◆ 第二章 回顾重大洪涝灾害

◆ 第三章 防御洪涝灾害

◆ 第四章 防洪减灾大智慧

● 下篇 干旱灾害

◆ 第五章 认识干旱灾害

◆ 第六章 回顾重大干旱灾害

◆ 第七章 防御干旱灾害

◆ 第八章 抗旱减灾大智慧

● 后记

洪涝灾害

第一章 认识洪涝灾害

◎ 第一节 什么是洪涝灾害

一、什么是洪涝

洪涝包括“洪”与“涝”两种形式。其中，“洪”是指由暴雨或冰雪融化等自然因素、水库垮坝等人为因素引起江河湖水量迅速增加，水位急剧上涨的自然现象。“涝”是指因降雨径流汇入低洼地区导致积水成灾的现象。由于洪和涝往往同时发生，难以区别，所以常统称为洪涝。

自古以来洪水给人类带来很多灾难，如中国的黄河和印度的恒河下游常泛滥成灾，造成重大损失，同时也带来一些益处，洪水泛滥形成了冲积平原，在下游三角洲平原淤积出肥沃的田野，有利于农业生产。

▲ 洪水灾害

据我国历史调查资料显示，从公元前206年至1949年的2156年间，有1092年发生过较大的洪涝灾害。国外的相关历史资料表明，西亚的底格里斯-幼发拉底河以及非洲的尼罗河关于洪涝的记载可追溯到公元前40世纪。

二、洪水有哪些类型

我国幅员辽阔，形成洪水的气候和自然条件千差万别，影响洪水形成过程的人类活动也不尽相同，因此洪水的类型可谓多种多样。按发生区域可分为河流洪水、风暴潮洪水和湖泊洪水等，按成因可分为暴雨洪水、山洪、风暴潮、融雪洪水、冰凌洪水、溃坝洪水等。此外，还有混合型洪水，如暴雨和融雪叠加形成的雨雪混合型洪水。

1. 暴雨洪水

暴雨洪水由强度较大的降雨形成，是最常见且威胁最大的洪水。在我国，不论南方、北方，也不论沿海、内陆、高原，甚至在沙漠地区，都有暴雨发生。按暴雨的成因，又可再分为雷暴雨洪水、台风暴雨洪水。

▲ 暴雨形成的洪灾场景

2. 山洪

山洪是暴雨引发的山区溪流沟涧中的洪水，具有突发性强、流速大、暴涨暴落的特点。山洪往往挟带大量泥沙、石块、流木，破坏力强，易于损毁沿程设施，造成人员伤亡。当山洪裹挟的泥沙、石块密集，形成固体碎屑流态时，则称之为泥石流。

3. 风暴潮

风暴潮是指由强风作用和气压骤变等引起的沿海和河口水面异常升高的现象，又称风暴潮增水。风暴潮如遇到天文高潮或江河洪水，则会形成较大洪水。风暴潮有温带风暴潮与台风风暴潮两大类。前者多发生于我国北方海区沿岸的春秋季节，夏季也时有发生，增水过程比较平缓；后者多见于夏秋季节，增水高度高于温带风暴潮，且来势猛、速度快、强度大、破坏力强。

▲ 融雪洪水

4. 融雪洪水

融雪洪水是冬季积雪或冰川在春夏季节随气温升高融化而形成的洪水，在我国主要分布在东北和西北的高纬度地区或是海拔较高的山区。与暴雨洪水相比，若洪水总量相当，其洪峰流量较低、历时较长，受昼夜气温变化影响较大，洪水过程呈锯齿状。在天山、喜马拉雅山等高山地区，当夏季气温较高且持续时间较长时，永久积雪和冰川会发生融化形成夏汛，若遇强降雨则形成雨雪

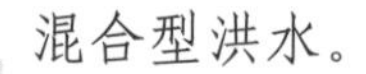
混合型洪水。

▲ 冰凌洪水

5. 冰凌洪水

冰凌洪水主要发生在黄河、松花江等北方江河上。由于某些河段由低纬度流向高纬度，当气温上升、河流开冻时，低纬度的上游河段

先行开冻，而高纬度的下游河段仍封冻，上游河水和冰块堆积在下游河床，就会形成冰坝，容易造成灾害。另外，在河流封冻时也有可能产生冰凌洪水。

6. 溃坝洪水

溃坝洪水则是由于堤坝或其他挡水建筑物瞬时溃决、水体突泄产生的洪水，它以立波形式向下游推进。其运动速度和破坏力远大于一般洪水，易于造成毁灭性灾难。此外，大地震发生后，若山体崩滑，阻塞河流，可能形成堰塞湖。堰塞体一旦溃决，也会形成类似溃坝的洪水，对下游沿岸造成严重的次生水灾损失。例如，2008 年汶川大地震造成唐家山大量山体崩塌，滑坡夹杂巨石、泥土堵塞河道，形成巨大的堰塞湖。此外，在中、低纬度的山岳冰川区，如我国西藏境内，可能发生冰碛阻塞湖溃决洪水。

▲ 唐家山堰塞湖

三、什么是洪涝灾害

洪涝灾害包括洪水灾害和涝渍灾害两种。洪水灾害是通过江河泛滥、湖库漫溢或堤坝溃决，直接损毁建筑物和各类设施，造成人员伤亡和财产损失的事件。而涝渍灾害则主要

▲ 洪涝灾害场景

是因本地降水过多、地面积水难以及时排除，对农作物生长造成影响的事件。涝渍包含涝和渍两部分，涝是因雨后农田积水、超过农作物耐淹能力而形成；而渍主要由于地下水水位过高，导致土壤水分经常处于饱水状态，农作物根系活动层水分过多，不利于农作物生长而形成。涝、渍灾害在多数地区是共存的，有时难以细分，故统称为涝渍灾害。

小贴士

下垫面

下垫面是大气与其下界的固态地面或液态水面的分界面，是大气的主要热源和水汽源，也是低层大气运动的边界面。因此下垫面的性质对大气物理状态与化学组成的影响很大。

下垫面也可以指海陆分布、地形起伏和地表粗糙度、植被、土壤湿度、雪被面积等，它对气候的影响十分显著。

四、洪涝灾害的影响因素

就洪涝灾害而言，一是发生洪涝，二是形成灾害。影响洪涝的因素，包括气候和下垫面等自然因素。同时，洪涝造成的损失主要取决于经济、社会因素，因此，洪涝灾害又具有社会属性。形成的主要影响因素可概括为以下两个方面。

1. 自然因素

我国位于欧亚大陆东南部，濒临西太平洋，属典型的亚热带季风气候，雨带和暴雨分布都有明显的季节性变化。暴雨是我国季风盛行期的一种常见天气现象，在丘陵山区常会造成山洪、滑坡、

▲ 发生洪涝灾害后的城市

泥石流等灾害，平原区则会造成洪水泛滥以及农田、城市内涝等灾害。自然地理因素对洪涝灾害的影响涉及流域气候、地形地貌、植被条件等多个方面。

2. 社会因素

随着人口的增长，农田、城镇不断挤占洪泛区，人水争地的矛盾激化。人类通过修筑堤防，逐步扩大防洪保护范围，在很大程度上改善了生活、生产环境，也有效地促进了社会经济发展。同时大量的沼泽、湿地的围垦也使得调控洪水的空间逐步缩小，将洪水束缚于河道和湖泊之中，同样的洪水，洪峰水位越逼越高，风险也越来越大。此外，森林植被的破坏、城市不透水面积的增加等，都加速了降雨的产汇流速度，使得同样的降雨，产生的洪水总量更大、洪峰更高。洪水泥沙含量的增加，也加剧了河道、湖泊淤积。同时洪峰流量加大又会进一步加速水土流失，造成恶性循环。

小贴士

降雨的产汇流

1. 产流过程

降落到流域表面的雨水，除去损失，剩余的部分形成径流，也称为净雨。通常把降雨扣除损失成为净雨的过程称为产流过程。净雨量称为产流量，降雨不能形成径流的部分雨量称为损失量。

2. 汇流过程

净雨沿坡面汇入河网，然后经河网汇集到流域出口断面，这一过程称为流域汇流过程。

知识拓展

长江流域洪涝灾害的特点

长江流域的洪水主要由暴雨形成，洪水出现时间在5—10月，7、8月两月最为集中，一般中下游早于上游，南岸支流早于北岸支流。单独由下游地区或上游地区暴雨形成的区域性大洪水，称为“下大洪水”或“上大洪水”，干流上、下游洪峰基本错开。如果下游洪水的出现比正常情况推后，而上游洪水时间提前，上下游、南北岸各支流洪水在干流遭遇重叠，就可能形成范围广、历时长的全流域性特大洪水。

洪水量级如何界定

和世界上任何东西一样，洪水也有大小之分。科学衡量洪水的大小对于防洪调度、管理决策有着重要意义。衡量洪水大小有以下两种方法:

（1）习惯上的衡量法。根据历史洪水资料，考虑堤坝的防洪能力，将洪水分为大、中、小三种情况。洪水超过历史纪录时称为历史最大洪水；也有的因为洪水量级过大，被称为特大洪水。也可以按江河、湖泊、水库的警戒水位和保证水位（或相应流量）等指标，以“超警”和“超保”表示洪水的量级大小。

（2）洪水频率或重现期衡量法。通常用洪水出现的频率或重现期（年）定量地衡量洪水的大小。洪水频率一般指在统计时间内，洪水等于或超过某一量级的出现次数，也可折合成每一年内可能出现的概率，以百分数表示，其倒数即为“重现期”。如 100 年一遇洪水、50 年一遇洪水，这种洪水重现期的表述是源于水文统计，对应的洪水概率分别为 1%、2%。“百年一遇”在专业上较准确的含义是“任意一年内都有百分之一发生概率的事件”，该事件是独立的概率事件，不能简单的理解成 100 年内一定会发生且只发生一次。在实际中，100年内这样的洪水可能会发生很多次，也可能一次也不发生。

结合我国的江河防洪能力，对洪水的等级一般划分如下：重现期在5年以下的洪水，为小洪水；重现期为5～20年的洪水，为中等洪水；重现期为20～50年的洪水，为大洪水；重现期超过50年的洪水，为特大洪水。

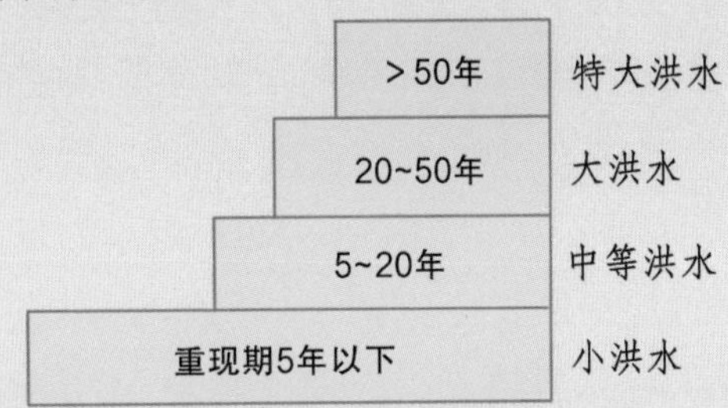

▲ 洪水等级划分

洪涝灾害有哪些危害

首先表现为对人身安全的影响。例如，1931年江淮水灾，受灾人口4950万，占湖南、湖北、江西、浙江、安徽、江苏、山东、河南八省当时人口的四分之一，死亡达36.5万人。1954年长江中下游水灾，受灾人口1888万，死亡3万余人。其次，洪涝灾害造成的经济损失在各种自然灾害中列居第一。每当发生大规模严重的洪涝灾害，往往会造成水利、交通、通信、能源等基础设施不同程度的毁坏，还会造成大面积农田被淹、农作物减产甚至绝收，对国民经济发展的影响极大。此外，洪涝灾害还会导致大量的人口迁徙，增加社会不稳定因素。而安置灾民，帮助其重建家园、恢复生产也会给社会带来沉重的负担。

◎ 第二节 洪涝灾害类型知多少

一、洪水灾害的主要类型

我国洪水灾害的主要致灾因素有暴雨洪水、山洪、风暴潮、融冰融雪、冰凌洪水和溃坝洪水。由于自然地理条件、地形地貌特点以及人类经济社会活动的特征与规模不同，洪水灾害形成的条件、机制以及对经济社会、生态环境的影响与冲击也不尽相同。一般来说，我国洪水灾害主要有以下类型：

（1）平原洪涝型。主要是指江河洪水漫淹和当地内涝积水所造成的灾害。洪水泛滥后，水流扩散，波及范围广。受平原地形影响，洪水行洪速度缓慢，淹没时间长。因低洼地区积水不能及时排除就会形成涝灾，其主要分布在平原和水网地区。我国平原地区的洪涝灾害往往相互交织，外洪阻止涝水外排，因而加重了内涝灾害；而涝水的外排又加重了相邻地区的外洪压力。平原洪涝型洪灾淹没范围大，持续时间长，造成的损失

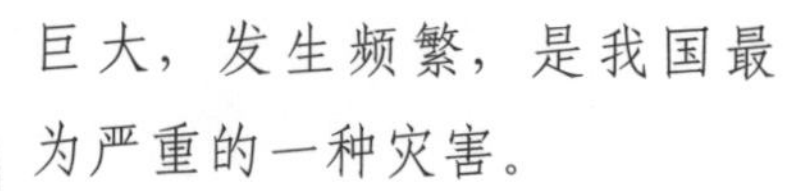
巨大，发生频繁，是我国最为严重的一种灾害。

▲ 江西景德镇农田被洪水淹没情景

（2）沿海风暴潮型。风暴潮突发性强、风力大、波浪高、增水强烈、高潮位持续时间长、引发的暴雨强度大，且常与洪水遭遇。一旦发生风暴潮，均会造成不同程度的水灾。据统计，因沿海风暴潮造成的

▲ 2007 年风暴潮登陆连云港

洪灾损失约占同期全国洪灾总损失的 20% 左右，仅次于暴雨洪水形成的洪涝灾害。

（3）山地丘陵型。主要是指因暴雨造成的山洪、泥石流、滑坡等灾害。其中泥石流是由山洪诱发而突然暴发的裹挟大量泥沙和石块的特殊山洪，多发生在有大量松散土石堆积的陡峻山区，分布在我国四川、云南、重庆、陕西等地。据统计，山洪、泥石流等灾害虽然波及范围较小，总经济损失一般不大，但往往造成较多的人员伤亡，有些年份造成的人员伤亡能占当年洪灾总死亡人数的 2/3 以上。

▲ 2020 年四川丹巴县境内山洪泥石流灾害

（4）北方冰凌型。冰凌洪水主要发生在黄河下游、宁蒙河段及松花江依兰河段。由于天寒地冻，历来有“伏汛好防，凌汛难抢”之说。黄河下游曾

▲ 2021年黄河壶口瀑布发生凌汛

多次发生凌汛决口。1955年利津凌汛，冰凌插塞成坝，堵塞河道，造成决口，淹没村庄360个，受灾人口17.7万人，淹没耕地88万亩，房屋倒塌5355间，死亡80人。1974年3月14日黄河宁夏河段开河时，水鼓冰开，结成冰坝，垮后复结，淹没农田4000余亩，房屋倒塌260间，受灾人口431人。

（5）其他洪涝灾害。由于战争或地质灾害造成水库、堤防失事引发的水灾，在中国历代都有发生。明崇祯十五年（1642年），李自成围攻开封久攻不克，下令扒开黄河大堤水淹开封城，城内37万人口淹死达34万人。1975年8月淮河流域发生特大暴雨，上游支流洪汝河、沙颍河板桥水库、石漫滩水库溃坝，形成特大洪水，下游仅河南省受灾人口就达1100万人，冲毁房屋560万间，2.6万人死亡，直接经济损失近100亿元。

二、涝渍灾害的主要类型

涝渍灾害的形成原因与地形、地貌、排水条件等密切相关，大致可划分为平原坡地、平原洼地、水网圩区、山区谷地、沼泽湿地等类型。

1. 平原坡地型

大江大河中下游的冲积或洪积平原，地域广阔，地势平坦，虽有一定的排水能力，但在降雨较大的情况下，往往因坡面漫流或洼地积水而形成涝渍灾害。例如，淮河流域的淮北平原，东北地区的松嫩平原、三江平原与辽河平原，海河流域的中下游平原，长江流域的江汉平原，以及零星分布在黄河及太湖流域的平原常有平原坡地形涝渍灾害发生。

▲ 平原坡地型涝渍

2. 平原洼地型

沿江、河、湖、海周边的低洼地区，地貌特点近似于平原坡地，但因受河、湖或海洋高水位的顶托，丧失自排能力或因排水受阻、排水动力不足常形成涝渍灾害。例如，长江流域的江汉平原、洪泽湖上游滨湖地区、海河流域的清南清北地区等。

3. 水网圩区型

在江河下游三角洲或滨湖冲积、沉积平原，由于人类长期开发而形成水网，水网水位在汛期乃至全年均超出耕地地面，因此必须筑圩（垸）防御，并依靠人力或动力排除圩内积水。当排水动力不足或遇超标准降雨时，则形成涝渍灾害，如太湖流域的阳澄淀泖地区，淮河下游的里下河地区，珠江三角洲，长江流域的洞庭湖、鄱阳湖滨湖地区等，均属这一类型。

▲ 三江平原湿地

4. 山区谷地型

多分布在丘陵山区的冲谷地带，其特点是山区谷地地势相对低下，遇大雨或长时间淫雨，土壤含水量增大，受周围山丘下坡地侧向地下水的侵入，水流不畅，加之日照短，气温偏低，就会发生涝渍灾害。

5. 沼泽湿地型

沼泽平原地势平缓，河网稀疏，河槽切割浅，滩地宽阔，排水能力低，雨季潜水往往到达地表，当年雨水第二年方能排尽。在沼泽平原进行大范围垦殖，往往因工程浩大、排水标准低、建筑物未能及时配套等原因，在新开垦土地上发生频繁涝渍灾害。我国沼泽平原的易涝易渍耕地主要分布在东北地区的三江平原，黄河、淮河、长江流域亦有零星分布。

三、洪涝灾害的特点

1. 涉及范围广

根据洪水类型和地区分布情况，我国大部分地区都有可能发生洪涝灾害。中部地区大部分处在大江河中下游，地势平坦，洪涝灾害十分严重。东部沿海地区受风暴潮的影响，暴雨、洪水频繁发生；局部暴雨、泥石流、滑坡等灾害经常威胁山区安全。西部地区干旱少雨，部分地区汛期受融雪、冰凌、洪水威胁；黄河、松花江等流域冬春季还会遭受凌汛灾害。

2. 发生频次高

由于气候条件、地理位置、地形特征，加之人口压力及不合理的生产活动方式等综合因素，我国成为世界上洪涝灾害出现频次最高的国家之一。据史料记载，从公元前 206 年至 1949 年，我国有 1092 年都有较大水灾的记录，且发生频次总体呈上升趋势。特别是 16 世纪以来，洪涝灾害发生频次递增速度加快。

3. 灾害损失大

据资料统计，20 世纪 90 年代，我国由水灾造成的年平均直接经济损失约占同期 GDP 的 2%（相对损失），远远高于西方发达国家。21 世纪以来，全国主要江河初步形成了较为完善的防洪减灾体系，相对损失明显下降，但每年仍会发生洪涝灾害，造成不同程度的灾害损失。

此外，我国地域辽阔，自然环境差异很大，具有严重洪涝灾害形成的自然条件和社会经济因素。据统计，我国平原区农田受灾面积和倒塌房屋数约占全国总数的 2/3，山丘区占 1/3；而死亡人数的分布则相反，平原区约占全国总数的 1/3，山丘区占 2/3。

知识拓展

什么是汛

汛是指江河、湖泊等水域的季节性或周期性的涨水现象。汛常以出现的季节或形成的原因命名，如春汛、伏汛、秋汛、凌汛、潮汛等。春汛是春季江河流域内降雨或冰、雪融化汇流形成的涨水现象。伏天和秋天由于降雨汇流形成的江河涨水，称伏汛和秋汛。因冰凌阻水而引起江河的涨水现象，称凌汛。滨海地区海水周期性上涨，则称潮汛。

什么是汛期

汛期是指江河、湖泊水量明显增多，容易形成洪涝灾害的时期。由于各河流所处的地理位置和涨水季节不同，汛期的长短和时序也不相同。

根据洪水发生的季节和成因不同，汛期一般可分为四个阶段：

（1）夏季暴雨为主产生的涨水期称伏汛期。

（2）秋季暴雨（或强连阴雨）为主产生的涨水期称秋汛期；因为伏汛期和秋汛期紧接，又都极易形成大洪水，一般把二者合称为伏秋大汛期。

（3）冬、春季河道因冰凌阻塞、解冻引起的涨水期称凌汛期。

（4）春季北方河流封冻冰盖融化造成的涨水期，称春汛期。

入汛日期及主汛期

入汛日期是指当年进入汛期的开始日期，每年的入汛日期都不同。每年自 3 月 1 日起，当满足下列条件之一时，当日可确定为入汛日期：

（1）连续 3 日累积雨量 50 毫米以上雨区的覆盖面积达到 15 万千米^2；

（2）任一入汛代表站超过警戒水位。[注：入汛代表站指位于防洪任务江（河）段、具有区域代表性、通常较早发生洪水的水文（位）站。]

主汛期即汛期中的大洪水高发期。按统计规律，主汛期包括了既往发生的 80% 以上的大洪水。不同江河主汛期开始的早晚,持续时间的长短,各有不同。

国内外不同地区的汛期

我国七大江河的汛期和主汛期大致划分如下：珠江汛期为 4—9 月，其中 5—7 月为主汛期；长江汛期为 5—10 月中旬，6—9 月为主汛期；淮河汛期为 6—9 月，6—8 月为主汛期；黄河汛期为 6—10 月，7—9 月为主汛期：海河汛期为 6—9 月，7 月下旬至 8 月上旬为主汛期；辽河与松花江汛期为 6—9 月，7—8 月是主汛期。分析表明，我国各地汛期开始时间随雨带的变化自南向北逐渐推迟，而汛期的长度则自南向北逐渐缩短；珠江、钱塘江、瓯江和黄河、汉江、嘉陵江等有明显的双汛期，前者分前汛期和后汛期，后者分伏汛期和秋汛期；7—8 月是全国大洪水出现频率最高的时间。世界各地汛期各不一样。例如，非洲的尼罗河每年的7—10月为汛期，美国密西西比河2—5月为汛期，南美洲的亚马孙河6—7月为汛期。

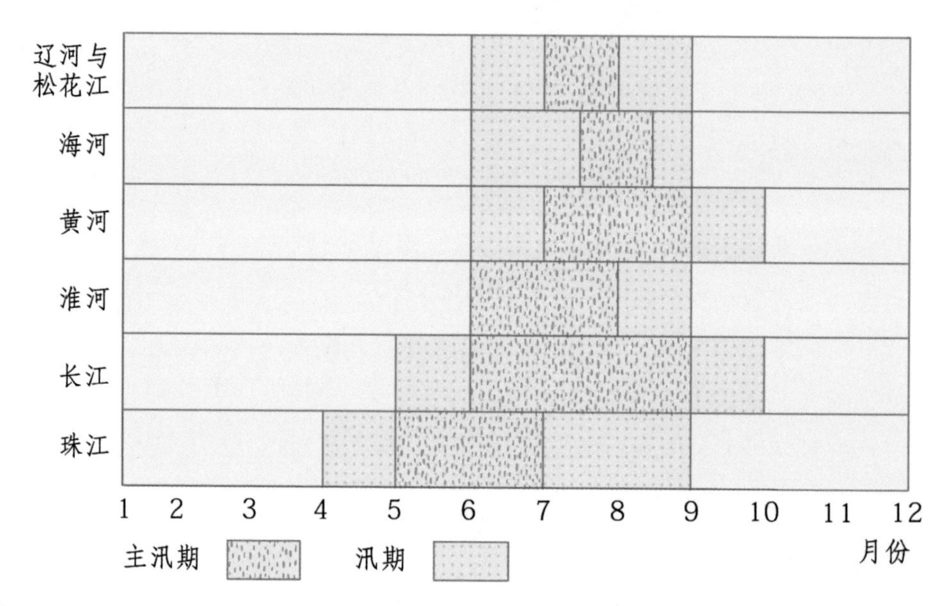

▲ 我国七大江河的汛期和主汛期

第二章

回顾重大洪涝灾害

◎ 第一节 江河流域重大洪涝灾害

一、1954 年长江流域洪涝灾害

1954 年 7—8 月，长江流域汛期普遍降雨，并有多次暴雨过程，导致中下游地区发生特大洪水。长江干流上自枝城下至镇江，均超过历年纪录的最高洪水位，汉口最高洪水位超出 1931 年最高洪水位 1.45 米，洪峰流量超过 76000 米^3/ 秒。新中国成立后，为加高加固堤防，兴建了荆江分洪工程，又采取了一系列临时分洪措施，最终保住了荆江大堤以及武汉市的安全。但长江中下游洪灾损失仍很大，湖北、湖南、江西、安徽、江苏五省，有 123 个县（市）受灾，淹没农田 3 万千米^2，受灾人口 1888 万人，死亡 3 万余人，京广铁路不能正常通车达 100 天。洪灾还带来一系列经济、社会问题，对整个国民经济的发展都产生了相当严重的影响。

▲ 1954 年长江洪水发生后部分民房被淹

二、1963 年海河流域洪涝灾害

1963 年 8 月上旬，海河流域南运河、子牙河、大清河水系发生了有水文记载以来的最大暴雨洪水。雨区沿太行山形成南北长 440 千米、东西宽 90 千米、降雨量超过 600 毫米的雨带，暴雨中心一天降雨量达 865 毫米。漳卫河、子牙河、

▲ 1963 年海河水灾淹没了农田和村落

大清河三水系各干支流相继开始涨水，洪水越过京广铁路深入平原，冀中、冀南平原地区平地行洪，尽成泽国。据统计，邯郸、石家庄等地共 104 个县（市）遭受洪水灾害。保定、邢台、邯郸市区水深 2 ~ 3 米。河北省倒塌房屋 1265 万间，受灾人口 2200 万人。工矿企业、交通、电信遭受严重损坏，225 个工矿企业停产，京广、石德、石太铁路被水冲毁 822 处，京广铁路 27 天不能通车，公路交通几乎全部停顿。水利工程也遭受严重破坏，5 座中型水库失事，330 余座小型水库被冲坏，主要河道决口 2400 处，支流决口 4489 处，滏阳河全长 350 千米的堤防全部漫溢，溃不成堤。这次洪水总计淹没农田 4.4 万千米^2，减产粮食 30 亿千克，直接经济损失约 60 亿元。

三、1975 年淮河流域洪涝灾害

1975 年 8 月上旬，淮河支流水系发生我国历史上罕见的特大暴雨洪水。3 号台风“尼娜”在福建登陆，后深入内陆到达河南境内，暴雨从 4 日持续到 8 日，历时 5 天，其中 5 日、6 日、7 日三日降雨量超过 600 毫米的面积达 8200 千米^2。暴雨中心 24 小时降雨量超过 1000 毫米，暴雨强度之大为我国有记录以来首位。由于来水过大，老王坡、泥河洼等蓄滞洪区漫决，板桥、石漫滩两座大型水库失事垮坝。板桥距京广铁路 45 千米，垮坝最大流量 78800 米^3/秒，形成一个高 5 ~ 9 米、宽 12 ~ 15 米的洪峰，

▲ 1975年淮河支流汝河上的板桥水库溃坝引发大洪水

冲毁铁路102千米，中断行车达18天之久。据统计，此次洪水最大淹没面积达1.2万千米^2。河南省29个县(市)、1700万亩农田被淹，1100万人口受灾，2座大型、2座中型及44座小型水库失事。

四、1998年松花江流域洪涝灾害

1998年洪水是松花江流域有记录以来最大的流域性特大洪水，洪水主要来自嫩江干支流。1998年6月中旬至8月中旬，嫩江流域连续出现中到大雨，比历年同期均值偏多61%，造成嫩江流域6月下旬、7月下旬和8月中旬的三场大洪水，其中第三场洪水最大。嫩江干流和右岸支流均发生大洪水或特大洪水，并直接造成下游松花江干流发生特大洪水，松花江干流下游多个水文站洪峰流量均突破历史最高纪录。这场洪灾造成直接经济损失达480亿元，黑龙江、吉林两省的西部及内蒙古自治区受灾县（市）83个，受灾人口911.5万人，被洪水围困143.73万人，紧急转移人口254.78万人，倒塌房屋91.84万间，死亡46人，农作物受灾面积492.81万公顷。

五、1998年长江流域洪涝灾害

1998年6—8月，长江全流域面平均雨量670毫米，比多年均值偏多37.5%，比1954年小36毫米。中下游干流沙市至螺山、武穴至九江共359千米河段水位超过历史最高纪录，汉口、大通、

▲ 1998年镇江铁牛望江兴叹

南京水位高居历史第二位，鄱阳湖水系的信江、抚河、修水及洞庭湖水系澧水均发生了超过历史纪录的大洪水，长江其他支流也发生了不同量级的洪水，致使长江中下游地区遭受严重洪涝灾害。据统计，湖北、湖南、江西、安徽四省溃决堤垸总数1975座，淹没耕地2400千米^2，受灾人口231.6万人，死亡人口1562人。其中万亩以上堤垸57个，约占溃垸总数的3%，耕地面积1200千米^2，约占总溃淹耕地的51.5%，人口94.7万人，约占溃垸受灾人口的41%。千亩至万亩以上堤垸414个，约占溃垸总数的21%，耕地面积770千米^2，约占总溃淹耕地的32%，人口86.9万人，约占溃垸受灾人口的38%。

◎ 第二节 城市暴雨灾害

一、2007年济南特大暴雨灾害

▲ 济南市“7·18”暴雨期间街道洪水情况
（图片来源：《2007中国水旱灾害公报》）

2007年7月18—19日，受北方冷空气和强盛的西南暖湿气流的共同影响，山东省济南市自北向南发生了一场强降雨过程，市区1小时最大降雨量151毫米，为1951年有气象记录以来的最大值。此次特大暴雨造成市区道路毁坏1.4万米^2，140多家工商企业进水受淹，其中近1万米^{2}的地下商城，在不到20分钟的时间内积水深达1.5米，全市33.3万人受灾，因灾死亡37人，失踪4人，倒塌房屋2000多间，市区内受损车辆802辆，直接经济损失13.20亿元。

二、2010年广州暴雨灾害

2010年5月6—7日，广州市遭遇特大暴雨袭击。全市平均降雨107毫米，市区平均降雨128毫米，中心城区和北部地区均超过特大暴雨标准。五山雨量站1小时和3小时连续降雨量均超过广州市历史纪录。广州市自有预警信号以来首次发布全市性暴雨红色预警信号。受暴雨影响，广州市越秀、海珠、荔湾、天河、白云、黄埔、花都和萝岗8个县（区）102个镇（街）3.22万人受灾，农作物受灾面积171.2千米^2，因灾死亡6人，中心城区118处地段出现内涝水浸，其中44处水浸情况较为严重。全市直接经济损失5.44亿元。

▲ “7·21”暴雨中的北京长安街

三、2012年北京暴雨灾害

2012年7月21日，北京市经历一次历史罕见的强降雨过程。全市平均降雨量170毫米，城区平均降水量215毫米。这次强降雨持续时间长、覆盖面积大，除西北部的延庆区外，其余地区均出现了100 毫米以上的大暴雨，占全市总面积

86%以上。受降雨影响，全市河道均有不同程度涨水，拒马河张坊站洪峰流量达到1963年以来最大值，北运河榆林庄站出现历史最大洪水。此次特大暴雨灾害造成全市大面积受灾，受灾人口约77.76万人，死亡78人，紧急转移安置9.59万人，倒塌房屋7828间、严重损坏房屋4.4万间、一般损坏房屋12.19万间，农作物受灾面积5.75万公顷，直接经济损失159.86亿元。

四、2021年郑州特大暴雨灾害

郑州“7·20”特大暴雨灾害是一场因极端暴雨导致严重城市内涝、河流洪水、山洪滑坡等多灾并发，造成重大人员伤亡和财产损失的特别重大自然灾害。2021年7月19日8时至21日8时连续两天，郑州市降雨达到特大暴雨级别（日降雨量大于250毫米），最大24小时降雨量高达696.9毫米，超过了郑州市年平均降雨量640.8毫米；最大1小时降雨量达到201.9毫米，刷新了中国大陆小时雨强的观测极值（189.5毫米，河南省1975年8月特大暴雨）。郑州“7·20”特大暴雨灾害中，因灾死亡失踪人数多达380人，发生了地铁5号线亡人、京广快速路北隧道亡人、郑州郭家咀水库漫坝、荥阳市崔庙镇王宗店村山洪灾害、郑州阜外医院人员被困、郑大一附院人员被困等造成重大人员伤亡和引发重大社会影响的灾害事件。

▲ 郑州“7·20”特大暴雨发生后的郑州阜外医院

◎ 第三节 山洪灾害

一、2005 年黑龙江沙兰镇山洪灾害

2005 年 6 月 10 日，黑龙江省牡丹江市宁安市的沙兰镇和五个自然村屯遭遇特大暴雨和山洪袭击。沙兰镇所在流域平均降雨量 123 毫米，大约为本流域多年平均 6 月降雨总量的 1.5 倍。洪水在下午 2 时左右开始袭击沙兰镇，1 小时后达到最高水位，下午 4 时洪水已基本退去。推算形成这次洪水的暴雨重现期为 200 年一遇，洪峰流量为 850 米^3/ 秒，洪水总量为 900 万米^3。此次山洪造成沙兰镇死亡 117 人，其中小学生 105 人（全部为沙兰镇中心小学学生），村民 12 人；严重受灾户 982 户，受灾居民 4164 人，倒塌房屋 324 间，损坏房屋 1152 间。

▲ 沙兰镇中心小学灾后全景

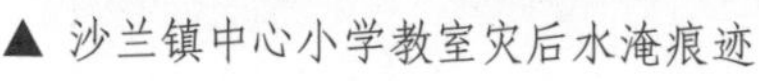

▲ 沙兰镇中心小学教室灾后水淹痕迹

二、2010 年舟曲特大泥石流灾害

2010 年 8 月 7 日，甘肃省舟曲县东北部降特大暴雨，持续 40 多分钟，降雨量 97 毫米，引发白龙江左岸的三眼峪、罗家峪发生特大泥石流，宽 500 米、长 5 千米的区域被泥石流夷为平地。

泥石流涌入舟曲县城，冲毁楼房20余栋，土木结构的民房被冲毁，导致大量冲积物堆积在县城下段约1千米长的江道内，堆积体厚约9米，阻断了白龙江，形成堰塞湖。受堰塞湖影响，县城多条街道被淹，最深处约10米。此次泥石流灾害造成舟曲2个乡（镇）13个行政村4496户20227人受灾，因灾死亡1501人，失踪264人。其中三眼村、月圆村、春场村基本被冲毁。白龙江县城中段被泥石流堆积物淤满，江水高出河堤3米左右，县城沿江建筑一层均被淹没，北山一带及学校等场地积水和泥沙厚度达2～3米。

▲ 舟曲县遭受严重山洪泥石流灾害（图片来源：《2010中国水旱灾害公报》）

三、2013年辽宁清原山洪灾害

2013年8月16—17日，辽宁省发生特大山洪灾害，9个市35个县（区）180万人受灾，紧急转移避险19.9万人，直接经济损失89.6亿元。抚顺市清原县受灾尤为严重，因灾死亡63人，失踪101人。

受灾最严重的清原县南口前村紧邻浑河，为康家堡河和海阳河下游出口，洪水过程中形成了前有浑河漫溢、后有两条山洪沟冲击的局面。南口前村南桥堵塞，导致康家堡河改道，与海阳河一左一右切断了南口前村核心区群众上山的避险通道。另因南口前

▲ 辽宁省抚顺市清原县特大暴雨引发山洪灾害

村北部沈吉铁路的铁路桥阻塞，浑河水位顶托，康家堡河和海阳河汇合后的洪流无法顺利下泄，壅高了南口前村水位，导致南口前村出现了重大人员伤亡。

◎ 第四节 台风引发的洪涝灾害

一、2006年强热带风暴“碧利斯”引发洪涝灾害

2006年7月14日，强热带风暴“碧利斯”在福建霞浦登陆。登陆后风力强度在8级以上，时间长达31个小时，直接影响广东、湖南等9省（自治区）长达120小时，是历史上在我国登陆并深入内陆维持时间最长的强热带风暴。受其影响，7月13—18日，我国江南大部、华南大部和西南东部出现了大范围持续强降雨。湖南湘江上中游干流发生了有实测记录以来的第二大洪水，支流耒水发生了超历史纪录的特大洪水，广东北江发生了有实测记录以来最大流量的大洪水，支流武水发生了超历史纪录的特大洪水，福建诏安东溪发生了超历史纪录的大洪水。强热带风暴造成风、雨、洪、涝、滑坡、泥石流多灾并发的局面。京广铁路、京珠高速公路、106和107国道等多条重要交通干线

▲ 强热带风暴“碧利斯”造成湖南永兴县城受淹（图片来源：《2006中国水旱灾害公报》）

一度中断，全国近30个机场临时关闭，100多个航班取消，大量水利、交通、通信、电力设施损毁。湖南湘江干流堤防出现险情134处，70余座水库不同程度地出险，湖南郴州发生特大山洪灾害；广东有16个县级以上城区受淹，乐昌、韶关等市区最大水深达5米多，被洪水围困群众多达173万人；福建相继发生250多起山洪灾害。此次洪涝灾害农作物受灾面积1.35万千米^2，其中成灾7285千米^2，受灾人口2955.4万人，因灾死亡843人，倒塌房屋27.8万间，直接经济损失约351亿元。

二、2013年强台风“菲特”造成洪涝灾害

2013年第23号台风“菲特”于9月30日20时在菲律宾以东洋面生成，10月4日17时加强为强台风，7日凌晨1时15分在福建省福鼎市登陆，登陆时中心最大风力达14级（42米/秒）。7日9时“菲特”在福建省建瓯市境内迅速减弱为热带低压。“菲特”具有登陆强度历史罕见、强风暴雨极端性强、潮高浪大、灾害损失严重等特点。

▲ 台风“菲特”登陆，钱塘潮掀起10余米巨浪

（1）登陆强度历史罕见。“菲特”登陆时为强台风强度，是自1949年以来在10月登陆我国陆地（除台湾和海南两大岛屿以外）的最强台风。

（2）降雨强度破历史纪录。5日20时至8日8时，江苏东南

部、上海、浙江北部和东部、福建东北部等地降雨200～350毫米，其中浙江省日平均雨量149毫米，为有记录以来的最大值；杭州、宁波等13个县（市、区）日雨量破历史纪录。

（3）强风持续时间长。浙江东南沿海12～14级大风持续11小时左右，海岛和山区瞬时风速达15～17级，苍南石砰山和望洲山瞬时风速分别达76.1米/秒和73.1米/秒，突破浙江省历史纪录。

（4）与天文大潮叠加潮高浪大。“菲特”登陆时间恰逢天文大潮期，6日上海、浙江、福建沿海出现60～220厘米的风暴增水，浙江鳌江、瑞安、温州、坎门验潮站的潮位均超过红色警戒，其中鳌江站的实测水位最高达到5.22米，超历史最高潮位0.42米；温州外海出现9.6米的狂涛，钓鱼岛附近海域出现8.1米的狂浪。

（5）灾害损失严重。“菲特”造成浙江、福建等地道路交通阻断、动车停运、航班取消、供电通信中断、堤防损毁、农田受淹。虽然“菲特”中心在福建登陆，但其外围风、雨、潮强度大，对浙江的灾害影响明显重于福建。据不完全统计，浙江省11个市70个县（市、区）631.4万人受灾，因灾死亡6人，失踪4人，倒塌房屋4000余间，农作物受灾面积25.342万公顷，直接经济损失83.68亿元；福建省5市、19个县共41.56万人受灾，农作物受灾3.419万公顷，直接经济损失24.55亿元。

◎ 第五节　国外重大洪涝灾害

一、2002 年欧洲洪涝灾害

2002 年 8 月上旬，名为“伊尔泽”的低气压从北海扫过英国之后，一反往常移动规律，一路南下到了意大利的热那亚湾上空，吸足了地中海的水汽。由于受到撒哈拉一巴尔干地区上空高气压的阻拦，这颗危险的“水炸弹”掉头向东，经过阿尔卑斯山脉东麓再北上，驻留在易北河流域的上空，形成了气象专家最为担心的天气条件，易北河、多瑙河流域发生了百年不遇的特大洪水。

在此次洪涝灾害中，以俄罗斯的死伤最严重，死亡人数达 59 人，仅黑海度假区就有 4000 多名游客受困，30 辆汽车沉入海底。德国东南部遭遇 50 年来罕见水灾，死亡人数为 12 人，上万人受困；巴伐利亚 7 个区宣布进入紧急状态；多瑙河水位达到 10.82 米，创百年最高。捷克首都布拉格也遭遇了百年来最为严重的洪涝灾害，造成至少 9 人死亡。奥地利最少有 7 人在洪灾中丧生，受灾人数超过 6 万人，历史名城维也纳也在劫难逃，化为一片泽国。此外，洪水、冰雹和龙卷风，使南欧的罗马尼亚近一半的地区受灾，造成 11 人死亡，数十人受伤。

二、2005 年美国“卡特里娜”飓风引发洪涝灾害

2005 年 8 月底，来自加勒比海的“卡特里娜”飓风在佛罗里达州东南部登陆，5 级飓风引发了高

▲ 飓风袭击后的新奥尔良市市区一片汪洋

能量的风暴潮，由此产生的狂风巨浪冲毁了多处防护堤，使美国七个州遭受洪水灾害，受灾最重的是路易斯安那州、密西西比州和亚拉巴马州。“卡特里娜”飓风在美国造成巨大的经济损失和惨重的人员伤亡，被列为美国历史上最严重的十大自然灾难之一。

路易斯安那州的新奥尔良市在此次灾难中遭到了毁灭性打击。飓风引发的风暴潮冲毁了众多新奥尔良市的防洪堤，其中，冲毁的新奥尔良第17街运河的防洪堤，其决口宽约61米。该运河与庞洽特雷恩湖贯通，湖水涌入新奥尔良东岸区低地，造成城区大面积严重的洪水泛滥。由于多处堤防漫顶、决口，导致新奥尔良市80%的区域被淹没，有些地方水深达6米多。飓风所经之处，许多树木被连根拔起，不少街道标志牌被吹倒，一些船只被从河中抛到岸上；数以万计的房屋被淹、数百万户家庭断电，一些高速公路的桥梁也被淹没在洪水之中。在新奥尔良市，人们在被洪水淹没的街道上跋涉，或是在被洪水围困的屋顶上、倒塌的房屋中苦苦等候救援。

截至2005年9月底，受飓风影响死亡的人数达1209人，仅路易斯安那州就有700多人死亡，经济损失估计为1000亿~2000亿美元。

三、2010 年巴基斯坦特大洪涝灾害

2010 年夏季，巴基斯坦自北向南遭受数十年不遇的特大洪涝灾害，不仅造成大量人员伤亡与财产损失，灌溉系统、排水系统、道路系统、堤防系统、电力系统等基础设施也损毁严重。

2010 年 7 月 20 日夜间，巴基斯坦西北边境 3 个村庄遭受暴雨山洪袭击，造成 100 多人死亡，大量村舍农田损毁，由此拉开了 2010 年巴基斯坦特大洪水灾害的序幕。据统计分析，本次印度河流域的洪水相当于本地区 50 年一遇洪水，而且持续强降雨时间较长，共 18 天，大范围的强降雨与干支流洪水是形成本次洪水的主要因素。洪水过程中，印度河中下游的洪峰流量略小于历史洪水最高纪录，但洪峰水位均创历史新高。

截至 8 月底，印度河三角洲洪水注入阿拉伯海，受灾人口超过 2000 万人。但直到 10 月中旬，巴基斯坦信德省因印度河右岸决堤形成的大范围淹没区域中，仍有约 48 万公顷的土地浸泡在洪水之中，因洪水无有效出路致使灾后恢复重建工作陷入困境，无法开展。

▲ 巴基斯坦遭遇洪水侵袭

四、2018 年日本西部暴雨引发洪涝灾害

2018 年 7 月，日本西部遭遇近年来发生的最为严重的洪涝灾害。6 月 28 日至 7 月 8 日，日本西部多个地区发生了超历史纪录的强降雨，高知

县最大降雨量达1852毫米，为该地区有降雨记录以来的最大值。此外，九州北部地区、四国地区、近畿地区、东海地区多地降雨量均刷新了历史纪录。由于大范围强降雨的影响，日本西部主要河流高梁川支流小田川流域洪水上涨，导致8处堤防发生溃决、7处堤岸崩塌、4处洪水漫堤，大量洪水涌入冈山县仓敷市真备町，淹没面积达1200公顷，造成该地区近1/4居民、约4600户受淹。此外，由于肱川洪水泛滥，堤防发生溃决，导致爱媛县西予市受淹，约650户房屋进水，最大淹没水深达4.5米，56号国道路面积水深度达1.8米。

位于爱媛县西南部的肱川流域是本次洪水灾害的重灾区。7月4日肱川流域野村河上游最大流量为历史纪录最大流量的1.6倍；鹿野川上游降雨量达450毫米，最大流量为历史纪录最大流量的2.4倍。高知县西部的宿毛市最大24小时降雨量达263毫米，超强降雨引发宿毛市周边的松田川等诸多河流发生洪水泛滥，导致大片农田受淹，冲毁多条道路和大量水利工程等基础设施，洪灾损失严重。

截至2018年10月9日，此次暴雨洪灾共造成日本14个府县224人死亡，8人失踪。其中，广岛县104人死亡、5人失踪；冈山县58人遇难、3人失踪；爱媛县29人死亡。

▲ 2018年7月日本西部暴雨引发洪涝灾害

第三章 防御洪涝灾害

◎ 第一节 工程防御措施

工程防御措施大致可分为两类：第一类是治本性措施，包含两方面内容，一是在洪水形成之前就地削弱洪水成因的水土保持工程；二是在洪水形成以后，将洪水拦蓄起来的蓄洪工程。第二类是治标性的措施，就是将洪水安全地排往容泄区，这一类措施可总称为以防洪为目的的河道治理工程，包括堤防工程、分洪工程、蓄滞洪工程和河道整治工程等。

一、堤防

我国堤防种类繁多，按抵御水体类别分为河（江）堤、湖堤、海堤、围堤；按筑堤材料分为土堤、砌石堤、土石混合堤、钢筋混凝土防洪墙等。

河（江）堤是修建在江河两侧的堤防，为典型的堤防工程，是江河主要的防洪工程。依其所处位置不同又分为干堤和支堤。干堤是干流河道上的堤防，支堤是支流河道上的堤防。

▲ 堤防

湖堤是修建在湖泊周围的堤防。由于湖泊水位相对稳定，湖堤具有挡水时间长、风浪淘刷严重的特点，需要做好防渗和防浪。

海堤是修建在海边用以防御潮水危害的堤防，又称海塘或防潮堤。海堤具有挡水频繁、风浪淘刷严重、地基软弱的特点。

围堤包括修建在蓄、滞、行洪区周围的堤防，以及在滩区或湖区修建的圩堤或生产堤。

为了减小临水堤防决口的淹没范围，在某些堤防的危险堤段的背水侧修建第二道堤防，称为月堤、备塘或备用堤。当临水堤防与第二道堤防之间面积较大时，在二者之间可修建隔堤。

此外，土堤是我国江河、湖、海防洪（潮）广泛采用的堤型，具有就地取材、便于施工、能适应堤基变形、便于加修改建、投资较少等特点，是堤防设计中的首选堤型。目前我国多数堤防采用均质土堤，但因其体积大、占地多，易于受水流、风浪破坏，一些重要海堤和城市堤防仍采用砌石堤、混凝土防洪墙等形式。

截止 2020 年年底，全国已建 5 级以上江河提防 32.8 万千米，保护人口 6.5 亿人，保护耕地 4200 万公顷。

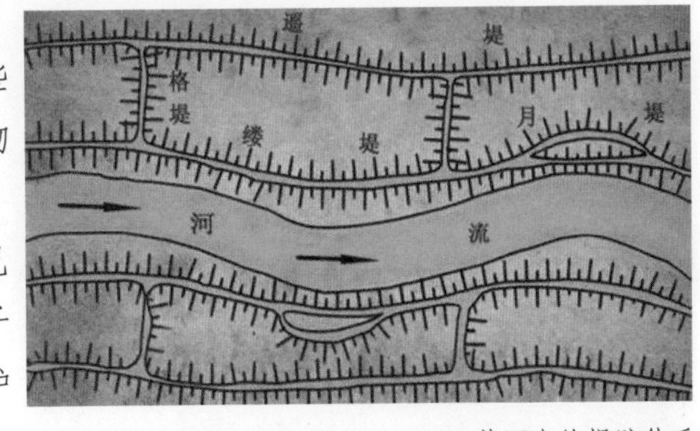

▲ 黄河上的堤防体系

二、水库

水库一般是在山沟或河流的狭口处，通过建造拦河坝形成的人工湖泊，用于调节自然水资源的分配，是水利建设中最主要、最常见的工程措施之一。水库的建造可以追溯到公元前 3000 年。由于技术水平有限，早期的水库一般较小。随着近代水工建筑技术的发展，兴建了一批高坝，形成了一批巨大的水库。按其所在位置和形成条件，水库通常分为山谷水库、平原水库和地下水库三种类型：

▲ 大型山谷水库——官厅水库

▲ 平原人工水库——宿鸭湖水库

▲ 典型的地下水库

（1）山谷水库。多是用拦河坝横断河谷，拦截河川径流，抬高水位形成。在高原和山区，修建引水、提水工程，将河水或泉水引入山谷洼地形成的水库，也属山谷水库的一种。山谷水库是水库中最主要的类型，其规模和各时期的运用水位及调度方式，要根据水库的水文、地形、地质等特性和用水部门的要求，通过技术分析计算确定。这类水库靠抬高水位取得库容，修建时除要考虑额外水量损失外，还要十分重视水库形成后易引起的库区淹没、泥沙淤积和生态环境等方面的问题。

（2）平原水库。在平原地区，大多利用天然湖泊、洼淀、河道，通过修筑围堤和节制闸等建筑物形成的蓄水工程。平原水库库面一般较大，丰、枯水位的变幅较小，主要用于灌溉、供水、调节控制洪水和地表径流。修建平原水库，常使周边地区地下水位升高，需采取适当的截水防渗措施。此外在河渠交错地区，利用一系列节制闸形成的河网式水库，也属这一类型。

（3）地下水库。由地下贮水层中的孔隙、裂隙和天然的溶洞或通过修建地下截水墙拦截地下水形成的水库。地下水库不仅用以调蓄地下水，还可采取如坑、塘、沟、井等工程措施，把当地降雨径流和河道来水回灌蓄存。这类水库具有不占土地、蒸发损失小等优点，可与地面水库联合运用，形成完整的供水体系。地下水库必须在具备适宜的地下贮水地质构造、有补给来源的条件下才能修建。

截至2020年年底，我国已建成各类水库9.8万多座，总库容9306亿千米^3。

三、蓄滞洪区

蓄滞洪区主要是指河堤外洪水临时贮存的低洼地区，其中大多数是江河洪水淹没和蓄滞的场所。蓄滞洪区是江河防洪体系中的重要组成部分，是保障防洪安全、减轻灾害的有效措施。我国江河的洪水季节性强、峰高量大，中下游河道泄洪能力相对不足，仅靠河道、水库和堤防等防洪工程难以确保重点地区防洪安全。为此，在沿江河低洼地区和湖泊等地开辟了蓄滞洪区，用于分蓄江河超额洪水，以缓解水库、河道蓄泄不足的矛盾，确保流域防洪安全。

根据蓄滞洪区在防洪体系中的地位和作用、调度权限以及所处地理位置等因素，蓄滞洪区分为国家蓄滞洪区和地方蓄滞洪区。

国家蓄滞洪区在大江大河防洪体系中作用重要，直接影响干流洪水安排，关系流域全局防洪安全；其通常位置重要，涉及省际关系，需要国家进行协调和调度，运用后国家予以补偿。国家蓄滞洪区又分为重要蓄滞洪区、一般蓄滞洪区和蓄滞洪保留区。地方蓄滞洪区是指国家蓄滞洪区以外，列入区域防御（调度）

▲ 湿江蓄滞洪区

▲ 濛洼蓄滞洪区

洪水方案的蓄滞洪区。

我国在长江、黄河、淮河、海河、松花江、珠江等主要江河规划建设了98处国家蓄滞洪区，涉及北京、天津、河北、江苏、安徽、江西、山东、河南、湖北、湖南、吉林、黑龙江和广东等13个省（直辖市），其中93处集中分布于长江、淮河和海河流域，5处分布于黄河、珠江、松花江流域；列为重要蓄滞洪区有33处，一般蓄滞洪区有45处，蓄滞洪保留区有20处。

四、河道防洪整治工程

河道整治可归结为水流调整和河床调整两个方面：水流调整是通过修建整治建筑物等方式进行调整，并借调整好的水流调整河床；河床调整是通过爆破、疏浚等方式调整河床，借调整好的河床以调整水流。两种方法，有时单独使用，有时需结合使用。

河道整治的内容非常广泛，根据不同的整治

目的，对河流有不同的整治要求，相应采取的整治方法和措施也有很大不同。

▲ 山丘区中小河流整治工程成效

以防洪为目的的河道整治，其任务是防止河道两岸漫溢或冲决成灾，其主要措施是修建整治建筑物，要求河道相对稳定，保证堤防安全，以满足防洪的需要。我国地域辽阔，地形复杂，不同地区的河流形态、特性差异很大，就是同一条河流的不同河段也往往有很大差别。因此，无论是整治措施、整治建筑物的布置和结构形式都应根据当地情况相宜选择，不能生搬硬套。

以河道整治为目的所修的建筑物，通称河道整治建筑物。按照建筑材料和使用年限，可分为临时性和永久性整治建筑物。凡用竹、木、苇、梢等轻型材料所修建的，抗冲和抗朽能力差，使用年限短的建筑物，称为临时性的整治建筑物；而用土料、石料、金属、混凝土等重型材料所修建的，抗冲和防朽能力强，使用年限长的建筑物，则称为永久性整治建筑物。这种区分并无严格标准，近年来用土工织物做成的软体排等新型整治建筑物就介于两者之间。

按照与水位的关系，可分为淹没和非淹没的整治建筑物。在一定水位下可能遭受淹没的建筑物称为淹没整治建筑物；在各种水位下都不会被淹没的建筑物，则称为非淹没整治建筑物。

按照建筑物的作用及其与水流的关系，又可

以分为护坡、护底建筑物，环流建筑物，透水与不透水建筑物。护坡、护底建筑物用抗冲材料直接在河岸、堤岸、库岸的坡面、坡脚和整治建筑物基础上做成连续的覆盖保护层，以抗御水流的冲刷。环流建筑物，是用人工的方式激起环流，用以调整水、沙运动方向，达到整治目的的一种建筑物。本身透水的整治建筑物称为透水建筑物，本身不允许水流通过的整治建筑物称为不透水建筑物。两种建筑物都能对水流起到挑流、导流等作用，但不透水建筑物的挑、导流作用要强一些；透水建筑物除挑、导流作用外，还有缓流落淤等作用。

按照建筑物的外形（作用）也可将整治建筑物分成坝、垛（矶头）类和护岸两大类形式。两类结构大致相同，只是由于形状各异，所起的作用各不相同。一般作为枯水整治建筑物的常用坝类有丁坝、顺坝、锁坝、潜坝，作为中水整治建筑物的常用坝类则多为丁坝、垛（矶头）、顺坝等，而护岸类工程在中、洪水河槽整治中都适用。

五、水闸

按照所担负的任务水闸可分为以下几类：

（1）引水闸。为满足农田灌溉、水力发电或其他用水的需要，在水库、河道、湖泊的岸边或渠道的渠首，建闸引水，并控制入渠流量，也称为渠首闸。

（2）节制闸。节制闸一般用以调节水位和流量，在枯水期借以截断河道抬高水位，以利上游航运和进水闸取水；洪水期则用以控制下泄流量。节制闸若拦河建造，又称为拦河闸。此外在灌溉渠系上位于干、支渠分水口附近的水闸，也叫节制闸。

▲ 曹娥江大闸

（3）排（退）水闸。排（退）水闸常位于江河沿岸。大河水位上涨时可以关闸以防江河洪水倒灌，河水退落时即行开闸排除渍水。由于既要排除洼地积水，又要挡住较高的大河水位，所以其特点是闸底板高程较低而闸身较高，并受有双向水头作用。

▲ 千里淮河第一闸——王家坝闸

（4）挡潮闸。挡潮闸主要是为防止海水倒灌入河，也可用来抬高内河水位，以达到蓄淡灌溉的目的。内河两岸受涝时，可利用挡潮闸在退潮时排涝。建有通航孔的挡潮闸，可在平潮时期开闸通航。因此，挡潮闸有挡潮、泄洪、排涝、蓄淡等作用，其特点亦受有双向水头作用。

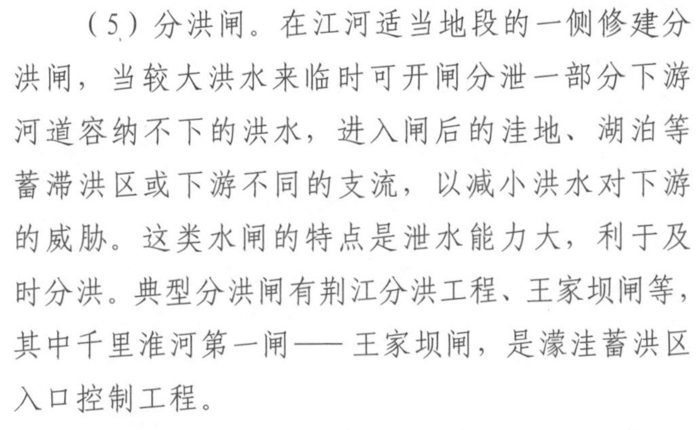

（5）分洪闸。在江河适当地段的一侧修建分洪闸，当较大洪水来临时可开闸分泄一部分下游河道容纳不下的洪水，进入闸后的洼地、湖泊等蓄滞洪区或下游不同的支流，以减小洪水对下游的威胁。这类水闸的特点是泄水能力大，利于及时分洪。典型分洪闸有荆江分洪工程、王家坝闸等，其中千里淮河第一闸——王家坝闸，是濛洼蓄洪区入口控制工程。

截至 2020 年年底，我国已建成流量 5 米^3/ 秒及以上的水闸 103474 座。其中分洪闸 8249 座，排（退）水闸 18345 座，挡潮闸 5109 座，引水闸 13829 座，节制闸 57942 座。

知识拓展

什么是设防水位

设防水位是指汛期河道堤防开始进入防汛阶段的水位，也就是江河洪水漫滩以后，堤防开始临水。超过设防水位，堤防管理单位由日常的管理工作进入防汛阶段，开始组织人员巡堤查险，并对汛前准备工作进行检查落实。

设防水位主要是根据堤防的防御能力确定的，当洪水到达这一级高度时，就标志这一地区堤防将开始出险，同时随着水位的上涨，险情也会增加。

▲ 设防水位

什么是警戒水位

警戒水位是防汛的一个特征水位，也就是指河湖等水体水位上涨，达到防洪工程可能出现险情的水位。对有堤防的江河湖泊，一般是指洪水普遍漫滩或堤防开始挡水的水位。对没有堤防的河流，一般是指洪水漫滩并可能发生洪水灾害的水位。达到该水位时，防汛工作随即进入需警惕戒备的重要时期，有关部门应进一步落实防汛值守、抢险备料和加强巡堤查险等工作，关闭交通闸口，视情况停止穿堤涵闸使用，同时密切关注降雨、洪水和堤防险情等发展变化，做好应对洪水继续上涨的各项防汛安排部署。

警戒水位具体由防汛部门根据堤防工程条件和出险规律、江河洪水特性、历史洪水灾害情况等长期防汛实践经验，以及考虑防洪保护对象的重要程度等综合分析确定，同时，也会根据工程除险加固建设等情况适时调整。

▲ 警戒水位

什么是保证水位

保证水位也是防汛的一个特征水位，是指按防洪标准确定的堤防设计洪水位，或堤防实际承受过的最高洪水位。达到或接近该水位时，防汛进入全面紧急状态，以保证堤防安全。

保证水位主要是根据堤防工程条件、历史洪水和工程出险情况、江河洪水特性和保护区的情况等因素综合分析拟定的。实际工作中，多采用水文（水位）控制站或重要穿堤建筑物的历史最高洪水位。同时，也应根据工程条件和保护区情况的变化适时调整。

▲ 保证水位

什么是汛限水位

汛限水位是指所有具有防洪功能的水库、水电站和湖泊设置的防洪限制水位或汛期限制水位。水库运行管理单位应严格执行批准的汛期调度运用计划，不得擅自在汛限水位以上蓄水运行。在调洪过程的退水阶段，应依据雨水情预测预报、洪水调度方案、泄洪能力等，在确保水库自身安全和下游防洪安全前提下，下达调度指令，将水位降至汛限水位。

◎ 第二节 非工程防御措施

非工程防御应对措施是指通过法规、政策、行政管理、经济和工程以外的其他技术手段，辅助防洪工程发挥作用、协调人类活动与洪水的关系，以减少洪水灾害损失的措施。非工程防御应对措施一般包括防洪法规、洪水预报预警、防洪调度、防汛会商、防洪区管理、洪水保险、洪灾救济、防汛宣传与演习等。防洪非工程措施应与防洪工程措施结合，相辅相成，共同发挥作用。

▲ 《中华人民共和国防洪法》（2016最新修正版）

一、防汛相关的法律法规

水法规是水资源开发、利用、节约、保护和管理的法律依据，是水利改革与发展、实现水资源可持续利用的保障。我国与水相关的法律制定起步较晚，目前仍处于不断修改完善的过程中。20世纪80年代初期，先后制定了一批规章制度，如《河道堤防工程管理通则》《水闸工程管理通则》《水库工程管理通则》等。1988年1月颁布实施的《中华人民共和国水法》，标志着中国水利事业走上了法制建设的轨道。国家颁布实施的与防洪有关的法律、法规主要有：《中华人民共和国水法》（1988年颁布，2016年修订）、《中华人民共和国防洪法》（1997年颁布，2016年修正）、《中华人民共和国防汛条例》（1991年颁布，2011年修订）、《中华人民共和国河道管理条例》（1988年颁布，2018年修正）、《水库大坝安全管理条例》（1991年颁布，2011年修订）、《蓄滞洪区运用补偿暂行办法》（2000年颁布）、《国家蓄滞洪区运用财政补偿资金管理规定》（2001年颁布、2006年修订）、《蓄滞洪区运用补偿核查办法》（2007年颁布）等。

二、防洪区洪水管理

防洪区是指洪水泛滥可能淹及的地区，分为洪泛区、蓄滞洪区和防洪保护区。洪泛区是指尚无工程设施保护的洪水泛滥所及的地区。蓄滞洪区是指包括分洪口在内的河堤背水面以外临时贮存洪水的低洼地区及湖泊等。防洪保护区是指在防洪标准内受防洪工程设施保护的地区。对防洪区的洪水风险管理主要是对洪泛区及蓄滞洪区的管理。

1. 洪泛区管理

洪泛区地面平坦、土地肥沃、人口稠密、工农业和交通发达，在国民经济中占有重要的地位。但由于部分河流洪泛区的不合理开发，洪灾损失有逐年增长的趋势，管理措施主要有以下几方面:

（1）土地管理。为防止洪泛区不合理的开发，一些国家对洪泛区进行合理的划分，严格区分允许开发的土地和不宜开发的土地。洪泛区土地的划分，一般是根据地形、地势、洪水特性、洪水频率，行洪时的水深、流速以及可能造成的危害程度划分，确定土地使用和建筑物的防御标准，以便于对土地的使用、建筑物的高度和位置，以及人口密度等实行分区管理，统筹安排，使每个区域得以合理使用。

▲ 南拒马河洪泛区

（2）工程建设管理。为保障洪泛区内居民的生命财产安全，在不影响行洪、蓄滞洪水的前提下，在洪泛区内可以允许修建一些防御经常性洪水的防护堤，在大洪水时清除或破堤行洪；在低标准洪泛区内建设必要的安全或修筑避水楼、村台，抬高建筑物基础的地面高程。在大中城市，重要的铁路、公路干线，大型骨干企业，应当列为防洪重点，以确保安全。受洪水威胁的城市、经济开发区、工矿区和国家重要的农业生产基地等，应当重点保护，建设必要的防洪工程设施。在防洪工程设施保护范围内，禁止进行爆破、打井、采石、取土等危害防洪工程设施安全的活动。

（3）宣传教育。地方各级人民政府应当加强洪泛区管理的领导，组织有关部门、单位对洪泛区内的单位和居民进行防洪教育，普及防洪知识，提高水患意识。按照防洪规划和防御洪水方案建立并完善防洪工程体系以及水文、气象、通信、预警等防洪非工程体系，提高洪泛区的防御洪水能力。

2. 蓄滞洪区管理

一般包括经济建设管理、土地利用管理、防洪安全设施建设管理、人口管理等。此外，财产保险和运用补偿也是蓄滞洪区管理工作的重要内容。

（1）经济建设管理。蓄滞洪区内的经济建设要以满足蓄滞洪区安全运用和减少经济损失为前提，必须符合蓄滞洪区建设的总体规划，并执行下列规定：居民点、城镇及工业布局必须符合蓄滞洪的要求，在指定的分洪口门附近和洪水主流内禁止设置有碍行洪的建筑物，禁止在蓄滞洪区内建设生产、储存严重污染和危险物品的项目，调整

▲ 开阔的蓄滞洪区

▲ 濛洼蓄滞洪区的安全台设施

区内经济结构和产业结构等，鼓励企业向低风险区转移或向外搬迁。

（2）土地利用管理。蓄滞洪区土地利用、开发必须符合防洪的要求，保持蓄洪能力，实现土地的合理利用，减少分洪损失。要对蓄滞洪区土地按照风险程度实行分区管理，并针对不同土地风险区制定相应的土地利用政策，合理调整区内土地使用权关系，严格禁止无序的土地开发活动。

（3）防洪安全设施建设管理。蓄滞洪区内所有公用、民用、厂矿等建筑设施都必须自行安排可靠的防洪安全设施。已建成的建筑物凡缺乏防洪安全设施或设施不符合要求的，应限期改建。各项基本建设计划中凡未列入防洪安全设施计划的，各主管部门不得批准。新建筑物未安排可靠的防洪安全设施的，不得施工。蓄滞洪区安全设施应以就地、就近建设为主，因地制宜，根据地形及人口密度情况，可分别建设安全区、村台、房台、避水楼、备用救生船以及种植树木，修建撤退道路、桥梁等。蓄滞洪区洪水防洪警报传递方式包括广播、电话、电视、报警器、传呼、专用报警系统，以及鸣汽笛、敲锣等。

（4）人口管理。蓄滞洪区所在人民政府要制定人口规划，加强区内人口管理实行严格的人口政策，控制区内人口过快增长、逐步引导区内群众外迁或向相对安全的区域迁移。国家鼓励和扶持蓄滞洪区实行财产保险和运用补偿政策，以减轻蓄滞洪区内居民因蓄洪造成的损失。国家也已经出台并实施了蓄滞洪区运用补偿办法，办法中列出的蓄滞洪区在运用后，国家和地方人民政府对区内居民的损失会给予一定的补偿。

三、山洪灾害预警

我国山洪灾害点多面广、突发性强、防御困难。近年来，我国山洪灾害频发，造成大量人员伤亡和财产损失。山洪灾害防御已被列为全国防汛工作的重点之一，做好山洪灾害监测，并确保预警及时发布，对于减轻山洪灾害损失至关重要。

山洪灾害预警主要通过山洪灾害预警系统平台进行。该系统由前端数据采集设备、供电设备、传输设备和预警中心组成，前端尽可能安装在居民点、企业、厂矿等保护对象的上游地区，将采集到的降雨量、水位、视频图像等数据传输到预警中心，预警中心软件可以显示并分析监测数据，当出现达到或超过预警阈值时会发出预警信息，提醒相关人员做好工作准备或者直接采取行动。

山洪灾害预警主要有雨量预警和水位预警两种方式。

1. 雨量预警

雨量预警指通过分析沿河村落、集镇和城镇等防灾对象所在小流域不同预警时段内的临界雨量，将预警时段和临界雨量二者有机结合作为山洪预警指标的方式。临界雨量是雨量预警方式的核心信息，指导致一个流域或区域发生山洪灾害时，场次降雨量达到或超过的最小量级和强度。

雨量预警是山洪灾害预警最为主要和最为关键的方法，大致可以分为经验估计、降雨分析以及模型分析三类方法。经验估计法是基于对小流域地形地貌、降雨特性、植被覆盖、土壤分布以及防灾对象历史山洪情况的熟悉和了解的基础上，再根据经验确定各预警时段各级指标的临界雨量及其阈值。在降雨分析法中，雨量预警3个关键要素为降雨、土壤含水量、流域下垫面，通过对降雨信息（降雨强度及时段降雨）进行分析后，得出山洪发生与场次降雨、前期降雨某种组合值的临界关系。模型分析法一般建立在流域水文模型基础上，全面考虑降雨、下垫面、土壤含水量，通过对山洪过程进行模拟，分析得到雨量预警指标信息。

2. 水位预警

水位预警即通过分析沿河村落、集镇和城镇等防灾对象所在地上游一定距离内典型地点的洪水位，将该洪水位作为山洪预警指标的方式。临界水位是水位预警方式的核心参数，指防灾对象上游具有代表性和指示性地点的水位，上游洪水达到该水位的情况下，演进至下游沿河村落、集镇、城镇以及工矿企业和基础设施等预警对象时，水位会到达成灾水位，可能会造成山洪灾害。

四、信息技术在防洪减灾领域的运用

近年来，我国各级防汛部门在加强防汛基础设施建设的同时，也加大了防汛抗洪新技术的应用，这些新技术主要包括以下几个方面：

（1）计算机网络技术。目前，已在全国范围内形成了防汛专网，为实现电子政务系统、建设防汛水利数据中心提供了良好的网络平台。

（2）通信技术。现代通信技术主要包括数字微波通信、卫星通信、光纤通信、短波通信、超短波通信及移动通信等，它们在全国防汛水情信息传递中起到了至关重要的作用。

（3）实时水情信息查询系统。该系统既可检索查询实时雨水情信息、含沙量信息、水库信息、报汛站基本信息以及分析统计结果，还可绘制雨量分布图、洪水过程线图、水面线图等。

（4）洪水预报、预警系统。该系统可延长洪水预见期，提高预报精度，为洪水资源化提供准确的决策信息，推进水资源的可持续利用。

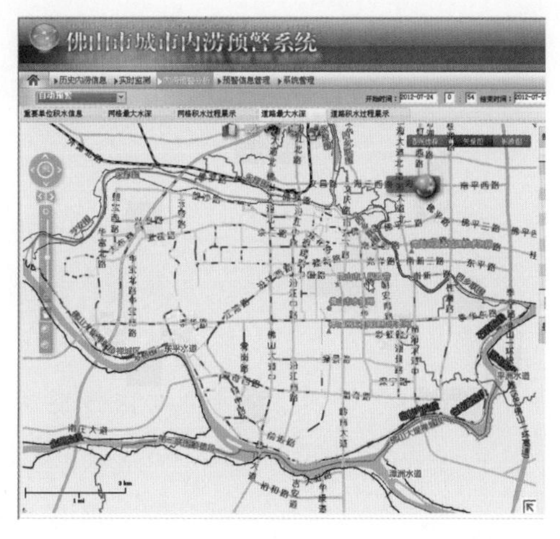

▲ 佛山市城市内涝预警系统

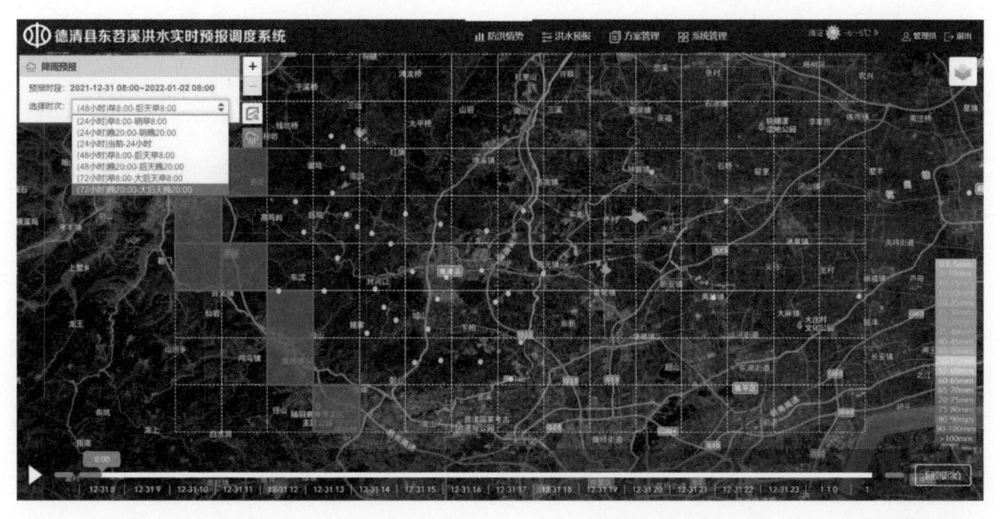

▲ 德清县东苕溪洪水实时预报调度系统

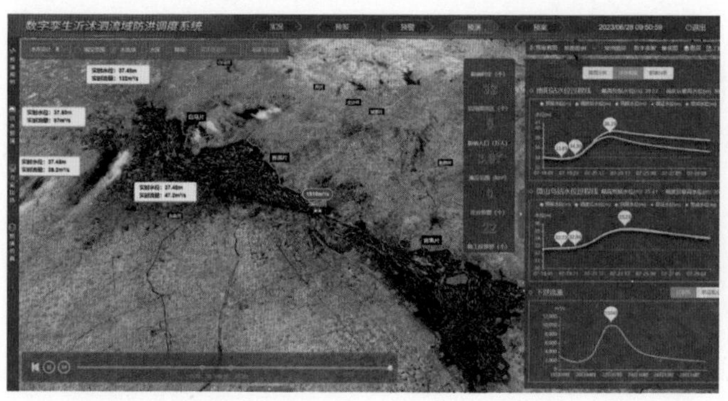

▲ 广东省三防决策支持系统（图片来源：中国水利水电科学研究院）

（5）可视会商系统。可视会商系统是随着多媒体技术与通信技术相结合而逐渐发展起来的。通过水情可视会商系统，相关部门可以根据实际情况，及时安排部署防汛抗洪救灾工作。

（6）防汛决策支持系统。该系统以系统工程、信息工程、专家系统、决策支持系统等技术为手段开发建立。不但实现了防汛管理信息的查询和部分地区的水资源综合信息查询，而且可以对防汛重点位置进行视频监控，及时采集各类遥测、报汛站的汛情，还可以提供气象云图动态播放、站内搜索等功能。

（7）防汛抗旱指挥调度系统。该系统具有会议大屏幕显示、可视电话、报汛告警、调度指挥、计算机控制、现场指挥等功能。主要由图像显示处理分系统、会务管理分系统、集中控制分系统、通信交换分系统、数字演播分系统等部分组成。

知识拓展

洪水预报

洪水预报是根据洪水形成和运动规律，利用前期和现时水文气象等信息，对某一断面未来的洪水特征值所作的预报。洪水预报的对象一般是江河、湖泊及水利工程控制断面的洪水要素，预报项目一般包括洪峰水位、洪峰流量、洪峰出现的时间、洪水涨落过程和洪水总量。预报按洪水的类型一般分为河道洪水预报、流域洪水预报、水库洪水预报、融雪洪水预报、突发性洪水预报等。

洪水保险

洪水保险是动员社会力量应对洪水灾害的一种手段，是洪水风险管理的重要内容。它主要利用洪水灾害的发生在时间和空间上的有限性进行经济调节，用没有发生灾害地区的保险费的收入补偿受灾区，用没有发生灾害年份的保险费补偿受灾年份，以避免受灾者遭受毁灭性的灾害，推动灾区尽快恢复和重建，制约洪泛区的不合理开发。

推行洪水保险制度，是完善社会化保障体系的

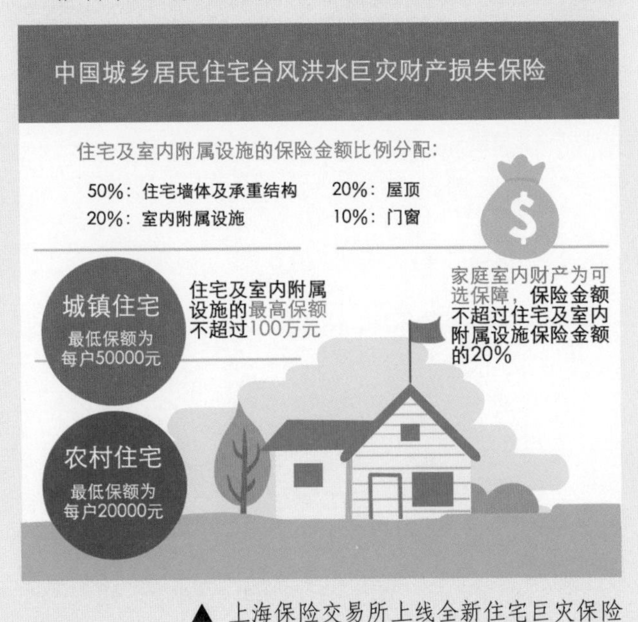

▲ 上海保险交易所上线全新住宅巨灾保险

重要组成部分，有助于减轻国家在灾后救济和恢复重建工作中的财政负担，有利于发动全社会力量，分散洪水灾害风险，提高救助力度，有利于提高受洪水威胁地区群众的水患风险意识，规范人们在洪泛区的土地开发利用活动。

洪水风险图

洪水风险图是能够直观表现防洪区内洪水风险特征的一系列地图的总称，分为表现洪水淹没范围、淹没水深、淹没历时、洪水流速、洪水到达时间等物理特征的洪水淹没基础图集。在此基础上，洪水风险图还可为国土规划、城乡建设规划、防洪规划、防汛抗洪、洪水保险、洪水影响评价、洪水风险宣

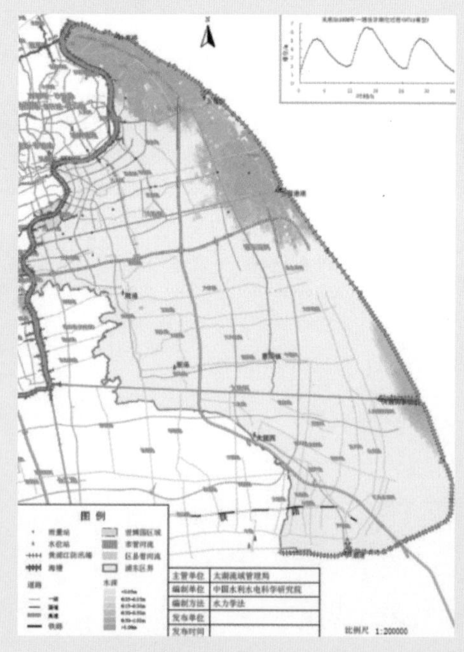

▲ 浦东新区洪水风险图（图片来源：中国水利水电科学研究院）

传教育等提供特定风险信息。按照编制对象的不同，洪水风险图可分为江河湖泊洪水风险图、蓄滞洪区洪水风险图、水库洪水风险图。江河湖泊洪水风险图是指河道、堤防、城市在内的洪水风险图；蓄滞洪区洪水风险图是指各级防汛指挥部确定的蓄滞洪区洪水风险图；水库洪水风险图是指库区、溃坝、最大泄量等洪水风险图。按照洪水风险图描述内容可将洪水风险图分为最大淹没水深洪水风险图、最大淹没面积洪水风险图、最大流速洪水风险图等。

防汛应急响应等级

我国防汛应急响应机制共分为 4 级:

（1）当出现下列情况之一时，启动 I 级应急响应：某个流域发生特大洪水；多个流域同时发生大洪水；大江大河干流重要河段堤防发生决口；重要大型水库发生垮坝。

（2）当出现下列情况之一时，启动 II 级应急响应：数省（自治区、直辖市）同时发生严重洪涝灾害；一个流域发生大洪水；大江大河干流一般河段及主要支流堤防发生决口；一般大型及重点中型水库发生垮坝。

（3）当出现下列情况之一时，启动 III 级应急响应：数省（自治区、直辖市）同时发生洪涝灾害；一省、自治区、直辖市发生较大洪水；大江大河干流堤防出现重大险情；大中型水库出现严重险情。

（4）当出现下列情况之一时，启动 IV 级应急响应：数省（自治区、直辖市）同时发生一般洪水；大江大河干流堤防出现险情；大中型水库出现险情。

◎ 第三节 应急措施

一、汛前准备

为迎战可能发生的大洪水，必须从组织、工程、预案、物资、队伍等方面做好全面准备，为战胜洪水打下坚实的基础，确保洪水来临时做到有的放矢，保证人民群众生命财产安全以及社会经济的可持续发展。

1. 汛前检查的准备工作

根据堤防、涵闸、水库、泵站等防洪工程的状态和重要程度、险工险段的位置等，储备一定数量、品种的防汛抢险物资。在汛前对物资进行翻晒、对仪器设备等进行保养和维修，数量不足时应进行补充。

检查水文预报预测的自动测报系统、传输系统、通信设施及其他相关设施，保证及时投入运行使用。根据历史暴雨洪水情况规定出暴雨、洪水的加报标准，做好暴雨、洪水等各种预报相关数据和图表的补充校正。检查各种防汛通信设施状况，认真进行维护、保养，对管理维护人员进行培训。

▲ 水利工程汛前检查

根据流域防洪规划和防洪工程实际情况，检查所辖范围内的水利工程运用方案是否需要修订完善；对集中强降雨、台风暴雨、山洪泥石流等突发灾害，检查是否已经制定专项预案；在建工程是否已经制定度汛方案；所有预案是否经过有关部门批准。

2. 工程措施汛前检查

（1）河道基本检查。河道是排泄洪水的主要通道，充分发挥河道泄洪能力是减少洪水灾害的重要措施。但由于河道受自然因素影响较多，变化难以预测，汛前要结合堤防和建筑物的检查，认真查找存在的问题，以便进行处理和加强防守。包括河势、河工建筑物和违章设障等检查。

（2）堤防工程检查。堤防是抗御洪水的主要工程，但受人类活动和自然变化影响也比较大，容易出现新情况。若汛前未能及时发现，一旦汛期情况有变，往往会给防汛安全带来严重影响。包括堤防外部、断面和隐患等检查，如是否有动物破坏和植物腐烂形成的洞穴，历史出险段是否有新发展，堤防两侧是否有水井、钻探等，穿堤建筑物周围是否有垫陷、开裂等。

（3）河工建筑物工程检查。涵闸、泵站等河工建筑物工程边界条件比较复杂，涉及工程本身、也涉及所在河道堤防的安全，应结合堤防检查一并进行。包括水力条件、闸（洞）身稳定、消能设施、建筑物和启闭设备及动力等检查。

（4）水库工程检查。汛前应该根据水库各组成部分建筑物的工作条件和要求，分别进行检查。包括水库特性、挡水设施、泄水设施、输水涵洞及管道、闸门及启闭设备等检查。如水库设计降雨、调度方式、水位－库容曲线是否有变化；水库防洪标准、汛限水位等是否有变化等。

（5）在建工程检查。根据在建工程的种类，对需要跨汛期施工的在建工程开展检查，重点检查在建工程是否有切实可行的度汛方案、是否明确防汛责任人、是否落实各项度汛措施，防汛抢险队伍和物资的落实和储备情况，建设单位是否与所在地人民政府和防汛部门落实共同担负防汛抗洪任务等。

二、汛中调度

洪水灾害是一种自然现象，人类不可能完全消灭它。但是可以在对洪水规律科学认识的基础上，充分利用水利及防洪工程，对洪水过程进行调节，削减洪峰流量，分蓄洪水径流，减轻汛期防洪压力和洪涝灾害。

洪水调度是指运用防洪工程或防洪系统中的设施，有计划地实时安排洪水以达到防洪最优效果。洪水调度是防汛的重要工作之一，它牵涉多方面的要求，关系着广大群众生命财产的安全。调度的主要目的是减免洪水危害，同时还要适当兼顾其他综合利用要求，对多沙或冰凌河流的防洪调度，还要考虑排沙、防凌要求。主要包括分洪区运用、水库防洪调度、防洪系统的联合调度等。

（1）分洪区运用。分洪区包括有闸控制或临时扒口两类。一般以一定河道安全泄量下的控制站水位作为分洪工程运用的判别指标，当河道实际水位或流量即将超过判别指标时，启用分洪区。选择临时分洪区要以洪灾总损失最小为原则，应先考虑淹没损失小，靠近防护区上游、分洪效果较好的分洪区；如洪水仍继续上涨，需要将分洪区作滞洪区或分洪道使用时，可同时打开下游泄洪闸（或扒口），采取“上吞下吐”的运用方式，或与邻近分洪区联合运用的方式，滞蓄超额洪水。

（2）水库防洪调度。为了满足下游防洪要求的防洪调度，一般利用防洪限制水位至防洪高水位之间的防洪库容削减洪水。水库调度一般需要控制

▲ 尼尔基水库泄洪

水库的泄量，使下游防护区代表站的流量不超过相应的泄量时，超额的水量蓄于水库中。当上游降雨大，水库水位上涨快时，要以保证大坝安全确定下泄流量。对同一河流的上下游水库，当发生洪水时，一般上游水库先蓄后放，下游水库先放后蓄，以尽量有效地控制区间洪水，对位于不同河流（如干、支流）的水库，由于影响因素很多，应遵循水库群整体防洪效益最大为原则确定。

（3）防洪系统的联合调度。防洪系统由堤防、分洪区、水库等联合组成。在防洪调度时，要充分发挥各项工程的优势，有计划地统一控制调节洪水。

总体来说，洪水调度的基本原则包括：一是当洪水发生时，首先充分发挥堤防的作用，尽量利用河道的过水能力宣泄洪水；二是当洪水将超过安全泄量时，再运用水库或分洪区蓄洪；三是对于同时存在水库及分洪区的防洪系统，考虑到水库运用灵活、容易掌握，宜先使用水库调蓄洪水，有时也可先使用分洪区调蓄洪水。具体运用时，要根据防洪系统及河流洪水特点，以洪灾总损失最小为原则，确定运用方式及程序。

▲ 航拍的淮河行蓄洪区移民安置点

三、汛中应对

1. 人员转移安置

我国人口众多，由于大部分行蓄洪区及低洼地内有群众居住，遇大水年份，需及时启用行蓄洪区分泄多余洪水，同时由于外水较高，低洼地区内水难以外排，易积涝受淹。因此，需对居住在行蓄洪区及低洼地的人员及时进行转移、安置，确保人民群众生命财产安全。

人员转移、安置工作由各级人民政府、防汛抗旱指挥机构负责，公安、民政、交通、水利、卫生、粮食、广电等部门做好具体工作。每年汛前，行蓄洪区均制定相应预案，明确人员转移时机、方式、路线及安置地点、生活保障等，以保证人员转移、安置过程快速、有序进行。人员转移一般以村（组）为单位，每个村（组）明确转移责任人，转移时由责任人负责召集群众按照事先确定的路线转移撤退，撤退时应优先转移老弱病残及妇女儿童，最后转移青壮年人员。随着社会经济的快速发展，目前大部分群众均有自备小客车和农用车辆，撤退转移交通工具原则上由群众自行解决，对于没有自备车辆的住户及老弱病残人员转移交通工具由交通部门统一集中调配。

转移人员的安置、日常生活工作主要由民政部门牵头负责，确保转移群众“有饭吃、有衣穿、有干净水喝”。人员安置一般以村庄为单位，本着就近、方便的原则，利用学校、村部公房为主，必要时可采取后退高地安置、投亲奔友安置等多种形式。卫生部门组织医疗小分队，分赴各安置点巡回医疗，认真做好灾民医疗卫生工作；防疫部门派员深入安置点，对人、畜饮用水进行跟踪监测，并对公厕、畜舍等生活设施及时消毒杀菌，防止疫情发生，确保灾民健康。各安置点均有公安部门和居住灾民成立治安联防工作组，对于人数较多的安置点应专门成立治安办公室，保证灾民生活安定。

2. 预警信息及发布

预警信息发布是指人员转移过程中预警信号发布和传递的过程，预警信号及时有效发布是做好人员转移撤退工作的前提和基础。预警信号的发布应由专人负责，预警方式可结合当地条件，利用电视、电话、广播、鸣锣、鸣枪、烟火等多种形式，少数报警信号无法传达的偏远地带应有专人通知，确保户户皆知，人人尽晓。行蓄洪区和低洼地所在地各级行政责任人对预警信号的发布、传递负有监督、检查之责，不得延迟或遗漏。

为保证预警信号准确、及时、有序，信号发布一般分不同级别，从低到高，层层递进。报警信号主要分为告知信号、待命信号、紧急撤离信号、启用命令信号等，信号级别主要以实时水位为参照标准。一般当相应站点水位涨至警戒水位时，应及时发布告知信号，提醒区内群众当前有发生大水的可能性，使群众在思想上、行动上做好充分准备；当水位超过警戒水位并持续上涨时，

▲ 山洪灾害无线预警广播系统

应结合当时雨水情和工情及时发布待命信号，对区内有毒有害物品及老弱病残人员等先期进行转移、安置；当水位涨至接近保证水位时，及时发布紧急撤离信号，区内所有人员及物品应立即全部转移；当接到上级行蓄洪命令后，应及时发布启用命令信号，并对区内展开拉网式巡查，确认无人后及时启用行蓄洪区滞蓄洪水。

3. 防汛抢险

当江河水位上涨，或由高水位迅速回落时，堤防及各类穿堤建筑物极易发生滑坡、管涌、裂缝、散浸、跌窝、浪坎、溃堤、崩塌等险情。险情发现及时与否对抢险工作有着极为重要的作用。任何险情的发生和发展都有一个从无到有、从小到大的过程，只要险情发现及时，抢护措施得当，均能把险情消灭在初期。险情，特别是大汛期的险情发展很快，必须立即抢护。

巡堤查险是及时发现险情的有效方法。巡堤查险任务，应按堤段的重要程度配备力量，实行统一领导，分段负责，重要堤段可派专组、专人、专地看守。堤上、堤下，堤身内外及建筑物周边均要进行巡查，尤其要注意迎水坡水面有无漩涡，内堤脚附近有无管涌、翻沙，内外堤坡有无裂缝、塌陷、渗水、滑坡等险情；建筑物巡查应以熟悉情况的管理单位技术人员为主，不

▲ 堤岸崩塌

仅需要检查建筑物自身情况，同时更需加强对建筑物和堤防结合部位的检查。

当险情发生后，要先行了解出险情况，分析出险原因，然后有针对性地采取有效措施，及时进行抢护。险情抢护一般分为识别险情，方案制定，物资、队伍调集，抢险方案实施，险情防守等过程。在接到险情报告后应及时组织有经验的技术人员分析出险原因并制定抢险方案。识别险情是抢险的首要工作，出现险情要立即进行观察、调查和分析，以做出正确的判断，并结合险情类别制定有效的抢护方案和措施，对于重大险情一般应制定有多套处理方案或根据现场抢护情况随时对方案进行修改调整。抢险队伍、物资调用应及时迅速，对于一般险情，抢险队伍可就近调集组织群众进行。对于重大险情，应尽快调集专业抢险队伍或武警、部队进驻现场抢险。抢险物资调用应做到就近、快速、足量，确保满足抢险的需要。

四、汛后恢复

1. 水毁水利工程修复

当遭遇严重的洪涝灾害时，堤防、水闸、堰坝、护岸、灌溉供水设施等水利工程会受到一定程度的损毁。为保证灾后群众生活，恢复生产，必须尽快组织人员对损毁的水利工程进行查勘、摸底、核查，掌握全面情况，制订修复计划。按照“先重后轻和先急后缓”的工作原则，首要对涉及防洪安全、工农业生产和人民生活造成较大影响的水毁工程抓紧进行修复；在冬春修时要将水毁水利工程修复作为重要

▲ 水毁水利修复工程

内容，各级政府采取财政拿一点、受益群众自筹一点等多种形式增加对水毁水利工程修复的投入，保证水利工程效益的充分发挥。

2. 蓄滞洪区运用补偿

为确保受洪水威胁的重点地区防洪安全，必要时运用蓄滞洪区行蓄洪。为恢复、提高群众的生产、生活水平，国务院2000年5月颁布实施《蓄滞洪区运用补偿暂行办法》，建立了蓄滞洪区运用的补偿制度，明确对蓄滞洪区内具有常住户口的居民的农作物、专业养殖和经济林水毁损失，住房无法转移的家庭农业生产机械和役畜以及家庭主要耐用消费品水毁损失按照一定比例进行补偿。

根据规定，蓄滞洪区所在地的县级人民政府每年汛前要组织进行居民财产登记与变更，分级建档立卡。蓄滞洪区运用后，对因蓄滞洪造成的实际水毁损失登记并组织核查。对于已下达蓄滞洪转移命令，因情况变化未实施蓄滞洪造成损失的，给予适当补偿。

3. 洪水总结及评价

洪水过后，应重点对雨、水情、工情资料等进行整编，统计核实灾情、险情，及时进行灾后反思。通过历次洪水对比，总结洪水调度中的经验与教训，加强对流域洪水特点的把握，为今后的洪水调度作参考。

洪水评价是指，对洪水重现期、量级、受灾程度等进行评价，重点是洪水大小、洪水历时、淹没范围、人员伤亡、财产损失、灾后负效应等指标。

知识拓展

洪水调度的原则

（1）确保重要地区和重点防洪工程安全，确保主要交通干线安全，确保人民群众生命安全，最大限度地减轻洪涝灾害损失。

（2）江、河、湖、库的水位达警戒水位或汛限水位以上时，水库、蓄洪区调度运用必须服从有管辖权的人民政府防汛指挥部的统一调度指挥；地方各级防汛指挥部门服从国家防汛抗旱总指挥部的调度。

（3）处理好重点与一般、局部与全局的关系。江河防洪保护对象往往具有不同的重点，首先要把人民的生命安全放在第一位，其次是重要经济设施，重要交通、铁路干线等，如沿河的大城市是保护的重点，农田和滩地属一般保护对象。民垸分洪运用次序的安排必须考虑先启用一般民垸，而尽量将城镇所在地的较重要的民垸安排到最后启用。出现特大洪水，按照防洪预案，应及时启用分蓄洪区或利用一般保护区、围垸分洪。

（4）妥善处理防洪与兴利的关系。水库汛期调度往往存在防洪与兴利的矛盾。有防洪库容与兴利库容结合使用的水库，汛末必须掌握收水时机为兴利蓄水。既要不失时机地抓住汛末蓄水，又要避免突然降暴雨而产生洪水使水库洪水位过高，被迫大流量泄洪而造成下游洪灾损失，更要确保水库的自身安全。

◎ 第四节 个人如何自救

▲ 暴雨蓝色预警

一、洪涝灾害发生前需做好哪些准备

1. 关注气象预报和预警信息

做好灾前预防，是最简单也是最重要的环节，其中之一就是了解气象预报信息。电视和广播是政府发布暴雨和洪涝预警的主要途径，网络、手机短信也是获取预警信息的重要方式，具有及时、便利的特点。

▲ 暴雨黄色预警

相对于天气预报，人们对城市暴雨内涝预警比较陌生。暴雨是导致城市内涝的主要因素，暴雨预警分为蓝色、黄色、橙色、红色四个等级，红色为最高级别，级别越高则表示危险程度越大。当降雨发生时，需要及时关注城市暴雨内涝预警的相关信息，就可以了解未来几小时可能发生的降雨量级，以及城市内可能出现的积水区域，在出行过程中就可以绕开积水路段，避开危险区域。

▲ 暴雨橙色预警

2. 做好家庭防灾物品准备

为了防御洪涝灾害，家中需要常备一些物品及食物，具体包括以下内容。

（1）在电力被切断、网络信号不佳的情况下，收音机仍可以帮助我们接收天气、洪涝预警信息。

（2）哨子是求救的工具，所以一定要准备。

（3）手电可以帮助我们在晚上的时候安全撤离，也是重要的求救信号。

▲ 暴雨红色预警

（4）救生衣和救生圈是防止溺水的保护工具。

（5）御寒衣物、常用药品。

（6）瓶装水、压缩饼干、面包等。

3. 积极参与防洪防汛应急演练

如果对防灾救灾知识和防汛防涝演练不了解，可以及时跟街道、社区联系，多接受汛期安全教育，提高自身应对洪涝灾害的避险与救助能力。

基础版

分类	序号	物品名称	备注
应急物品	1	具备收音功能的手摇充电电筒	可对手机充电、FM 自动搜台、按键可发报警声音
	2	救生哨	建议选择无核设计，可吹出高频求救信号
	3	毛巾、纸巾/湿纸巾	用于个人卫生清洁
应急工具	4	呼吸面罩	消防过滤式自救呼吸器，用于火灾逃生使用
	5	多功能组合剪刀	有刀锯、螺丝刀、钢钳等组合功能
	6	应急逃生绳	用于居住楼层较高，逃生使用
	7	灭火器/防火毯	可用于扑灭油锅火等，起隔离热源及火焰作用或披覆在身上逃生
应急药具	8	常用医药品	抗感染、抗感冒、抗腹泻类非处方药（少量）
	9	医用材料	创可贴、纱布绷带等用于外伤包扎的医用材料
	10	碘伏棉棒	处理伤口，消毒、杀菌

▲ 家庭防灾常备物品

对于校园洪水风险的识别及避险转移路线的制定，可以让学生们了解学校及周边环境，绘制地图，标识出地势低洼区域、地下空间、高压电设备放置区等存在安全隐患的重点区域。如有条件，可根据学校周边地势等高线图，大致判断洪水来临时可能淹没的范围及深度，选择逃生路径和相对安全区域。避难场所一般应选择在较近、地势较高、交通方便及卫生条件好的地方或高层建筑。

此外，还应该能够识别洪水高风险区域，在降雨发生时避免在这些区域停留。高风险区域包括：城市内立交桥、铁路桥下的低洼区域；河流两岸滩地、地势较低区域；水库下游干涸的河道，以及多年没有来水的干涸河道；山坡及山坡脚下；高压电线塔以及电线杆附近区域。

二、洪涝灾害期间有哪些应对措施

1. 住宅被淹时的避险措施

针对洪泛区低洼处来不及转移的居民，其住宅常易遭洪水淹没或围困。如遇到这种情况，应在第一时间切断电源，安排家人向屋顶转移，并尽量安抚好他们的情绪；想方设法发出呼救信号，如无通信条件，可制造烟火或挥动颜色鲜艳的衣物或集体同声呼救，尽快与外界取得联系，以便及时得到救援。在等待救援的同时，要积极寻找体积较大的漂浮物，以便在确认无法获得救助时，主动采取自救措施。切记不可轻易涉水。

2. 山洪灾害易发区居民的避险措施

进入汛期后，山洪灾害易发区的居民，要经常收听收看气象信息和相关部门发布的灾情预报，密切关注雨情、水情变化。居住地属于危险区的居民，必须熟悉居住地所处的位置和山洪隐患情况，确定好应急措施与安全转移的路线；观察房前屋后是否有山体开裂、沉陷、倾斜等变化；是否有井水浑浊、地面突然冒浑水的现象；是否有动植物出现异常反应等。发现明显的前兆，要沉着冷静，千万不要慌张，迅速果断地撤离现场。撤离时，应选择安全的路线沿山坡横向跑开，千万不要顺山坡或山谷出口往下游跑。居住在警戒区的居民，应随时做好抢险救灾、安全转移的必要准备。当发生洪水时，应首先保证人身安全，不要贪恋财物。

▲ 山洪灾害发生时应及时自救（引自湖南省红十字会）

3. 外出游玩时应对山洪灾害的避险措施

在汛期不宜到山洪灾害频发区旅游。外出旅游前，旅行者首先应关注旅游地天气预报，合理安排旅游路线，并密切关注旅游地灾害性天气预警。此外，还需了解一些洪涝灾害防御基本常识、熟知预警信号和危险指示标识，掌握自救逃生本领。自驾游出发前，应在车内备好防灾所需物品（水、食品、药品、应急锤、手电、救生衣等），避免在雷雨天气出行。在不熟悉的山区旅行，要有向导，要避开山洪灾害频发地区和地质不稳定地区。在到达旅游地后，观察、熟悉周围环境，预先选定紧急情况下的逃生路线；多留心山洪、泥石流等发生的前兆。如上游的降雨激烈，河沟出现异常洪水；山体出现异常的山鸣，山上树木发出沙沙的扰乱声；溪沟的流水非常浑浊，有异常臭味出现；听见明显不同于机车、雷电、风雨、爆破的声音等。另外，在行驶中应合理控制车速，通过高边坡及库区路段要提高警惕、快速通过。如遇极端恶劣天气，应选择空旷场地停车，待天气转好后再继续行驶。如通过漫水桥或涵洞时，应观察水深和流速，切不可贸然涉水。

当遭遇山洪袭击时，首先要迅速判断现场环境，尽快离开低洼地带，寻找高处，选择有利地形躲避；来不及躲避时，应选择较安全位置等待救援，并伺机发出救援信号。还要与其他被困旅客保持集体行动，听从管理人员的指挥，不单独行动，避免陷入绝境。如能及早脱险，应迅速向当地管理部门报警，并主动服从当地有关部门指挥，积极参加救援行动。

小贴士

外出游玩时应注意山洪出现

1. 地理条件

山沟附近、溪河两边位置较低处、河道拐弯凸岸等地比较容易遭受山洪威胁。

2. 气象条件

山区、丘陵区、岗地，特别是位于暴雨中心的这些地区，极易形成山洪灾害，往往降雨后几个小时就会成灾受损。

4. 救助被洪水围困的人群

由于山洪汇集快、冲击力强、危险性高，所以必须争分夺秒救助被洪水围困的人群。任何一个社会公民，当接到被围困人员发出的求助信号时，首先应以最快的速度和方式传递求救信息，报告当地政府和附近群众，并在保证自身安全的情况下积极投入解救行动；当地政府、防汛指挥部门和其他基层组织接到报警后，应在最短的时间内组织带领抢险队伍赶赴现场，充分利用各种救援手段全力救出被困人群；行动中要不断做好被困人群的情绪稳定工作，防止发生新的意外；要特别注意防备在解救和转送途中有人重新落水，要给解救人员和被困人员都穿上救生衣，确保全部人员安全脱险；还要仔细做好脱险人员的临时生活安置和医疗救护等保障工作。

▲ 救助被洪水围困人群时采取应对措施

5. 预防雨天触电

雨天在户外行走时，应尽量避开电线杆的拉线，因为拉线的上端离电线很近，有可能使拉线带电。不要靠近架空电力线路和电力变压器，更不要在架空电力变压器台架下避雨。切记不要触摸电线附近的树木，由于树线并行，有的树冠将电线包围，遇到雷雨大风时，树线相互碰触、摩擦，有可能导致放电。

暴雨过后，路面可能出现积水。要注意观察附近有无电线断落在积水中。如果发现电线断落在积水中，并且距离自己较近时不要惊慌，更不能撒腿就跑，应该采用单腿跳跃的方式离开现场。否则，可能会在跨步电压下导致触电。如发现较远处有电线落在积水中，千万不要自行处理电线，应当立即在周围做好记号，提醒其他行人不要靠近，并及时打 95598 电话，通知供电企业。

如果发现有人在水中触电倒地，千万不要急于靠近，否则不但救不了对方，还会导致自身触电。抢救触电者时，应先迅速切断电源，再抢救伤者；切断电源拨开电线时，救助者应穿上胶鞋或站在干燥木板凳子上，戴上塑胶手套，用干燥木棍等不导电的物体挑开电线。

三、洪涝灾害过后有哪些注意事项

1. 洪涝灾害过后易发生的疾病

灾区卫生条件差，特别是洪涝灾害多发于高温季节，各种诱发疾病的危险因素很多，饮用水卫生难以保障，很容易引起多种疾病和传染病的发生，如伤寒、痢疾、霍乱、病毒性肝炎、疟疾、乙脑、流行性出血热、血吸虫病等。

由于洪水的冲刷污染了生活用水和居住地，对生活环境造成严重污染。再加上蚊蝇的大量孳生繁殖，室内受淹，食品容易发霉变质。这些因素均给人体的健康带来危害，特别是容易造成肠道传染病的暴发。

2. 做好灾后的防疫救护工作

大灾过后往往容易伴随疫情发生，要确保灾后人员安全，应积极做好灾后的疫病防治工作，开展受灾地区及转移安置点上的医疗防疫救护工作。

（1）认真做好房屋、水井及周围环境的灭菌消毒工作。

（2）做好临时安置点的卫生工作，加强对粪便、农药及鼠药等的管理，特别重视食品和饮用水的安全检查。

▲ 洪灾过后专业人员开展消杀防疫

（3）密切掌握疫病动态，做好人群的紧急预防注射，提高灾民的免疫能力。

（4）积极做好伤员的救护治疗和现场抢救治疗，严重者及时转送急救站或附近医院治疗。

3. 灾区群众注意保护自身健康

洪灾期间和灾后，为减少疾病发生，应做到以下几点：

（1）注意饮用水卫生，不喝生水。

（2）注意食品卫生，不吃腐败变质或被污水浸泡过的食物。

（3）注意环境卫生。洪水退去后，应清除住所外的污泥，垫上砂石或新土；清除井水污泥；将家具清洗后再搬入居室。

（4）加强家畜的管理。家畜家禽圈棚要经常喷洒灭蚊药；栏内的禽畜粪便要及时清理。

（5）做好防蝇灭蝇、防鼠灭鼠、防螨灭螨等工作。

（6）注意手部清洁，不用手揉眼睛。如果感觉身体不适，特别是发热、腹泻，要尽快就医。

（7）不接触疫水是预防血吸虫病最好的方法。如有接触应主动去血防部门检查，发现感染应及时治疗。

（8）注意心理调适。不要刻意避讳谈论有关灾害的话题，不要勉强自己遗忘灾难中不好的经历，保证充足睡眠，尽量多与家人和朋友交流。

第四章 防洪减灾大智慧

◎ 第一节 防洪减灾的中国智慧

一、守护中华母亲河的“卫士”

黄河上的堤防体系分为遥堤、缕堤、格堤、月堤。遥堤和缕堤是黄河上的骨干堤防，格堤和月堤是辅助堤防。

遥堤是在距离主河槽较远处修筑的大堤。五代时期，开始在黄河大堤以外、距离主河槽较远处修筑遥堤，以防御大洪水漫溢。宋代，黄河上屡有遥堤的兴筑。

缕堤是临近主河槽修建的大堤。北宋神宗熙宁七年（1074 年），都水监丞刘璯建议“宜候霜降水落，闭清水镇河，筑缕河堤一道以遏涨水，使大河复循故道”。

格堤是连接遥堤和缕堤、每隔一定距离修建的横向堤，以防洪水溢出缕堤后沿遥、缕二堤漫延并冲刷堤根。宋元时期尚未兴建格堤。

月堤也称越堤，是在遥堤或缕堤薄弱堤段修建的月牙形堤，两端弯接大堤，用以加固大堤。最早见于记载的月堤是在北宋真宗天禧三年（1019 年）。

宋代及其以后的数百年，治黄以分流为主导方针。尤其是元代，为了维护北方政治中心的安定，以向南分流为主要的治黄手段，黄河下游主流长时间在颍水和泗水之间往返大幅摆动。但分流治黄并非不用堤防，只是所筑堤防主要用以阻拦泛滥的洪水使之不致大范围漫流。因此，直到明穆宗隆庆元年（1567 年）以前，黄河上的遥堤、缕堤、月堤尚未形成统一的堤防体系。

二、大名鼎鼎的排水系统——福寿沟

赣州福寿沟排水系统建于北宋熙宁年间（1068—1077年），位于“千里赣江第一城”江西省赣州市，至今已有900多年的历史。现今遗留下来的排水系统因走向形似篆体的“福”“寿”二字，所以被称为“福寿沟”。该排水系统在赣州防洪方面作用显著，可以说赣州城能够在三面环江的形势下安然无恙，“福寿沟”功不可没。福寿沟排水系统有两大特点：一是防洪排涝成效显著；二是历史悠久，沿用至今。

▲ 福寿沟水窗实景

赣州福寿沟排水系统是古人集体智慧的结晶，其中北宋的刘彝是主要设计者和代表性人物。当年刘彝目睹赣州城遭遇洪水后的惨状后，决心规划建造一条新的排水系统。他根据赣州的地势特点采取了分区排水的原则，把赣州分成了两个排水区，尽量缩短积水排往江中时间。为了加大排水速度，他顺应地势设计了排水沟走向；为有效大量排水，他设计扩大了排水沟的断面，使排水系统的排水效率大大提升。虽然“福寿沟”能有效排水，但却不能在江水上涨时，防止江水从沟内灌城。因此赣州城在大雨来临之时仍面临内涝的困扰。于是，刘彝设计出一个自动化的水窗，当江水漫过水窗时，水窗会在江水的压力作用下自动关闭；当江水低于水窗时，水窗会被沟内水冲开。如此一来，就解决了江水倒灌的难题。但是另一个问题紧接着又出现了，当水窗关闭时，沟内水因无法外排而外溢，也容易形成内涝。为此

▲ 福寿沟

▲ 赣州公园的刘彝塑像

刘彝充分利用城内池塘的集水作用，巧妙地将池塘和福寿沟连通，这样福寿沟在无法外排的时候雨水就能先蓄滞在池塘中，当江水水位下降、沟内水可以外排之时，池塘里多余的水又能通过福寿沟排出去。自此，赣州城的内涝大大减少了。在漫长的历史时期，福寿沟排水系统也出现过因维护不当而部分功能得不到发挥的情况，但是赣州人民还是克服重重困难，出资出力，不断修缮福寿沟，使其为赣州古城的防洪排涝继续发挥作用。

三、匠心独运的多功能城墙——寿县古城的防洪

寿县古称寿春，历史源远流长。寿县古城，是国务院命名的国家级历史文化名城，位于安徽省中部、淮河中游南岸，古城面积约 3.65 千米^2，地势南高北低、东高西低，境内河流湖泊颇多，周边 5000 多千米^2 地面客水都流入寿县低洼地区。但同时因淮、淠河水位上涨，内涝无法排除，关门受淹，寿县成了“水口袋”。历史上寿县古城就经常被水围困，但每次都化险为夷，全靠城墙保护。

古代的城墙最初是作为军事防御构筑物，后来还用来抵御洪水，特别是出现以水攻城的战例后更是如此。寿县古城在历史上也曾有三次水攻的战例，

▲ 寿县古城墙

都因城墙坚固，抗洪能力强，从未被攻破。寿县古城城墙全长 7147 米，依地势呈南高北低。城墙形状因形就势，顺应洪水运动特点。寿县古城建造在一座小山头上，外形非方非圆，形状依水势而变。洪水冲击的主要威胁来自东面和西面，因此东西两侧的城墙向外凸出，成一段拱形曲线，这不但有利于洪水分流、减缓洪水对城墙的冲击，而且拱形城墙也有利于抵抗洪水冲击产生的倾覆力矩。城墙的拐角处是易受洪水冲击损毁的地方，如果做成直角，相邻两侧城墙在洪水冲击下将在拐角处产生较大应力从而导致城毁；而将角部做成曲线，则有利于抗击洪水冲击。寿县古城城墙的四个角部正是全部呈曲线形。

古城瓮城的设计非常巧妙。寿县古城有东、南、西、北四门。四门原皆有瓮城，1970—1978 年拆换西、北外墙时，拆除了南瓮城和西瓮城，如今只在东门和北门留有瓮城。瓮城之设，为抵御洪涝灾害发挥了巨大的作用。不管对战争还是洪水，城门都是薄弱环节。城门外再加瓮城，等于设置了两道防线。以 1991 年的洪涝灾害为例，有的城门被洪水围困达两个月之久，瓮城城门为第一道防线，门和墙角有多处渗水，靠机械装置抽排。后来水渗愈急，被迫堵第二道门，并停止抽排瓮城之水，以利用瓮城之水的压力平衡城外洪水的压力。设想若无瓮城，城破是有可能的。

寿县古城的瓮城门和城门相互错开，对于防洪极为有利。因为一旦瓮城门溃决，汹涌的洪水以超常速度冲击的是对面足够坚固的城墙，由于城门错开，极大地削弱了洪水对二道门的冲击作用。特别是北瓮城门朝西、西瓮城门朝北，避免了来自东淝河和寿西湖的洪水对瓮城门的直接冲击。

此外，为便于相互救应和运输粮草弹药，古人沿城墙内侧修有一条环城道路，并配有方便的上城马道。在抗洪救灾时，这条道路可作为专业救灾道路，以利相互救援和运输救灾物资。

四、历史筑就的千年大堤——荆江大堤

荆江大堤是长江的重点堤防，位于长江中游荆江河段北岸，上起湖北省江陵县枣林岗，下至监利县城南，全长 182.35 千米，是保障江汉平原 1100 万亩耕地、1000 余万人口和武汉、荆州市等大中城市防洪安全的主要屏障。

荆江大堤始建于东晋 345 年，自江陵万城附近至荆州城，形成数千米长的护城堤，始称金堤。后来逐步向东发展，五代后梁（907—910 年）修筑寸金堤，北宋 1075 年修筑沙市堤、1158 年培修黄潭堤，南宋（1165—1173 年）延长寸金堤与沙市堤衔接，明朝（1368—1644 年）将金堤、寸金堤、黄潭堤、文村堤、周公堤等沿江数段堤防陆续连成整体，1542 年堵塞郝穴，至此初步形成万城堤。

▲ 荆江大堤沙市段（荆州市长江河道管理局提供）

1918年万城堤更名为荆江大堤，上起堆金台下至拖茅埠，长124千米。1951年上段从堆金台延伸至枣林岗，增长8.35千米。1954年大水，汛后下段从拖茅埠延伸至监利城南，共增长58.35千米，至此该堤全长182.35千米，达到1级堤防标准，堤防防洪能力达到100年一遇。荆江大堤直接挡水堤段长74.7千米，其余堤段长107.65千米，堤外有上下人民大垸、青安二圣洲、柳林洲、谢古垸、众志垸等民垸掩护，因此中小洪水年份不挡水。1998年大水，沙市水位高达45.22米，虽然超过分洪水位0.22米，但堤防未出现重大问题，因此未启用荆江分洪区分洪，避免了分洪损失。

五、世界水利工程史上的杰作——小浪底水利枢纽

小浪底水利枢纽工程位于河南省洛阳市以北40千米、距上游三门峡大坝130千米的黄河干流上，控制流域面积69.42万千米^2，占黄河流域面积的92.3%，是黄河干流三门峡以下唯一能够取得较大库容的控制性工程。1991年4月，小浪底水利枢纽工程动工兴建，1997年10月截流，2000

年1月首台机组并网发电，2001年年底主体工程全面完工。枢纽以防洪（防凌）、减淤为主，兼顾供水、灌溉和发电，采取蓄清排浑的运用方式，除害兴利，综合利用。由于小浪底水利枢纽战略地位重要，工程规模宏大，地质条件复杂，水沙条件特殊，运用要求严格，被中外水利专家称为世界水利工程史上的杰作。

小浪底水利枢纽工程由拦河大坝、泄洪排沙建筑物和引水发电系统三部分组成。考虑黄河多泥沙的特点，枢纽大坝采用带内铺盖的黏土斜心墙堆石坝坝型，最大坝高154米，坝顶高程281米；由于地形、地质条件的限制和进水口防淤堵等运用要求，泄洪、排沙、引水发电建筑物均布置在左岸，形成进水口、洞室群、出水口消力塘集中布置的特点。在面积约1千米^{2}的单薄山体中集中布置了各类洞室100多条。9条泄洪排水洞、6条引水发电洞和1条灌溉洞的进水口组合成一字形排列的10座进水塔，其上游面在同一竖直面内，前缘总宽276.4米，最大高度113米。引水发电系统也布置在枢纽左岸，包括6条发电引水洞、地下厂房、主变室、闸门室和3条尾水隧洞。厂房内安装6台30万千瓦混流式水轮发电机组。

小浪底水利枢纽工程建成后，下游防洪标准由60年一遇提高到1000年一遇，基本解除了凌汛灾害。通过枢纽工程的拦调泥沙，减缓下游河道淤积，为下游工农业用水增加可利用的水源，改善灌溉面积266万公顷。水电站装机容量1800兆瓦，多年平均年发电量51亿千瓦时。由此可见，小浪底水利枢纽工程发挥了巨大的社会效益、经

▲ 小浪底水利枢纽工程

济效益和生态效益，为保障黄河中下游人民生命财产安全、促进经济社会发展、保护生态与环境做出了重大贡献。

知识拓展

长江流域防洪工程体系

1949 年以前，长江防洪工程主要包括堤圩和少量河道护岸工程。1949 年以后，经过几十年的治理开发与保护，长江流域初步形成了由水库、堤防、蓄滞洪区组成的防洪工程体系，其中，堤防体系总长约 34000 千米，长江中下游 3900 千米干流堤防已基本达到了规划的防洪标准，部分支流和洞庭湖区、鄱阳湖区重点垸等堤防已完成加高加固。结合兴利修建了一批以三峡工程为代表的有较大防洪作用的干支流水库，流域水库总防洪库容达 658.5 亿米^3。中下游干流安排了荆江分洪区、杜家台蓄滞洪区等 42 处可蓄纳超额洪水约 590 亿米^{3}的蓄滞洪区。依靠堤防工程并合理使用分蓄洪区，荆江河段可防御 40 年一遇的洪水，城陵矶、武汉、湖口附近区可防御 1954 年型洪水（最大 30 天洪量约 200 年一遇）。三峡工程发挥作用后，配合使用蓄滞洪区，荆江河段防洪标准超过 100 年一遇，城陵矶、武汉、湖口等河段可防御超过 1954 年量级的洪水。

▲ 荆江分洪区——分洪闸

◎ 第二节 防洪减灾的国际智慧

20世纪以来，很多国家治水理念开始转变，不再一味地盲目追求“控制洪水”，而是理性地通过多种工程措施与非工程措施相结合的方式来管理洪水。美国、日本等发达国家创造性地提出了很多先进理念以及措施，对于我国防洪减灾具有一定的借鉴意义。

一、防洪体系中的王牌——蓄滞洪区

“给河流以空间”是水资源可持续管理的重要理念，蓄滞洪区作为能够实现这一理念的防洪措施，越来越受到世界各国的重视。美国、日本及欧洲许多国家纷纷设置蓄滞洪区，以解决国内的洪水问题。

美国的蓄滞洪区是在1927年密西西比河大洪水之后建立起来的。为处理超过河道泄洪能力的洪水，美国在密西西比河下游设置了多处蓄滞洪区。其中，新马德里蓄洪区面积约600千米^2，目的是为了保护密西西比河以及俄亥俄河沿岸城市。该蓄洪区在1973年和1993年洪水期间，发挥了重大作用。

渡良濑蓄滞洪区是日本最大的蓄滞洪区，2001年15号台风之际，渡良濑蓄滞洪区适时运用，保障了利根川和下游城市的防洪安全。欧洲国家的蓄滞洪区建设也考虑了多方面的综合效益。

而在法国，一般是将城市较低的地区或河道

两岸滩地开辟成公园、绿地、球场、停车场、道路等，平时为娱乐场所，有洪水时便作为调蓄洪水的场所。

与法国类似，德国的蓄滞洪区平时作为自然公园使用，一旦洪水袭来时，又可以蓄滞洪水，削减洪峰。

二、城市雨洪调蓄体系

日本政府规定，在城市中每开发1千米^{2}土地，应附设500米^{3}的雨洪调蓄池。目前，日本的城市广泛利用公共场所，甚至住宅院落、地下室、地下隧洞等一切可利用的空间调蓄雨洪，减免城市内涝灾害。具体措施包括：降低操场、绿地、公园、花坛、楼间空地的地面高度，在遭遇较大降雨时可蓄滞雨洪；利用停车场、广场，铺设透水路面或碎石路面，使雨水尽快渗入地下；在运动场下修建大型地下水库，并利用高层建筑的地下室作为水库调蓄雨洪；动员有院落的住户修建水池将本户雨水贮留，作为庭院绿化和清洗用水；在东京、大阪等特大城市建设地下排洪隧道，直径10米，长度数千米，将低洼地区雨水导入地下河，排至城外河流或排入海中；为防止上游洪水涌入市区，在城市上游修建分洪水路，将水直接导至下游，在城市河道狭窄处修筑旁通水道。

三、堤防中的超级“英雄”

日本是最早建设超级堤防的国家。为了确保大都市在超标准洪水的情况下不会遭受毁灭性的破坏，日本从1985年开始在东京附近的利根川和荒川以及大阪附近的淀川等5个水系6条河流中修建高规格堤防，其堤顶宽度一般为堤顶高度的30倍（100米以上），在超标准洪水下出现漫顶也不会发生溃堤。因为超规格堤防的堤顶宽度一般为100米以上，可以在上面修建住房和景观设施等。

▲ 日本阿拉卡瓦河的超级堤防

四、缺口堤防

“恢复河流的自然面貌”是当前欧洲和北美河道生态修复和洪水风险管理的共同目标与策略。将刚性堤防后退或去除，建设缺口堤防，以恢复滨河缓冲带，这种方式不仅可以有效降低洪水风险，而且有助于培育滨河湿地、改善滨河生态环境，并为人们提供不可多得的贴近自然的公共开放空间。荷兰在修建拦海大坝时，不仅尽量避免挖土筑坝，甚至不惜成本从国外进口石块。三角洲工程中的部分大坝也修建成了半闭合式的、留有缺口的闸门，以保护当地的野生动物栖息区和贝类水生动物。

▲ “给洪水以空间”新理念下的洪泛区

干旱灾害

第五章
认识干旱灾害

◎ 第一节 什么是干旱灾害

一、什么是干旱

关于干旱的定义，最早可以追溯到1894年，美国学者Abbe在*Monthly Weather Review*（《每月天气回顾》）杂志上发表论文，首次明确提出干旱即“长期累积缺雨的结果”，并以降水为标志，强调干旱的自然属性，认为干旱是一种累积降水量比期望的“正常值”偏少的现象，这种思想一直影响至今。如美国国家海洋和大气管理局（National Oceanic and Atmospheric Administration，简称NOAA）在1954年定义干旱为严重和长时间的降水短缺；世界气象组织（World Meteorological Organization，简称WMO）在1986年定义干旱为一种持续的、异常的降水短缺；联合国国际减灾战略机构（United Nations International Strategy for Disaster Reduction，简称UNISDR）在2005年定义干旱为在一个季度或者更长时期内，由于降水严重缺少而产生的自然现象；欧洲干旱中心（European Drought Centre，简称EDC）定义干旱为一种持续性的、大范围的、低于平均水平的天然降水短缺事件。

▲ 干旱导致的龟裂土地

尽管上述各种干旱定义的表述有所不同，但核心内容都是从气象过程考虑干旱问题，强调天然降水短缺现象。但是，随着研究的深入，越来越多的研究认为气象过程只是完整水循环过程中的一个部分，仅仅从气象过程研究干旱问题实际是割裂了水循环的整体性。所谓完整的水循环，包括大气过程、土壤过程、地表过程、地下过程，其中大气过程是传统气象气候学的关注焦点，土壤过程是传统农学的关注焦点，地表过程是传统水文学的关注焦点，地下过程是传统水文地质学的关注焦点。考虑到干旱是自然水循环过程的极端事件，水循环中任一过程的水分亏缺都可能造成干旱，因此需要从水循环全过程来研究干旱。为此，可将干旱定义为：某地理范围内因降水在一定时期持续少于正常状态，导致河流、湖泊水量和土壤或者地下水含水层中水分亏缺的自然现象。

二、什么是旱灾

旱灾是干旱灾害的简称。在一些期刊或报纸上，常常可以看到诸如“…… 发生了 50 年一遇的旱灾 ……”等说法，这里所说的“50 年一遇”其实是指天然降水偏少的程度，是干旱发生的频率，不是干旱造成的影响或损失的程度。《中华人民共和国抗旱条例》中，对干旱灾害做出了明确定义：干旱灾害是指由于降水减少、水工程供水不足引起的用水短缺，并对生活、生产和生态造成危害的事件。

小贴士

《中华人民共和国抗旱条例》是我国第一部抗旱相关的法规，在本篇第三章中有详细介绍。

三、什么是旱情

旱情是干旱的表现形式和发生、发展过程，包括干旱历时、影响范围、发展趋势和受旱程度等［《区域旱情等级（GB/T 32135—2015）》］。旱情是干旱作用到农村、城市、生态等社会经济不同方面后，表现出来的作

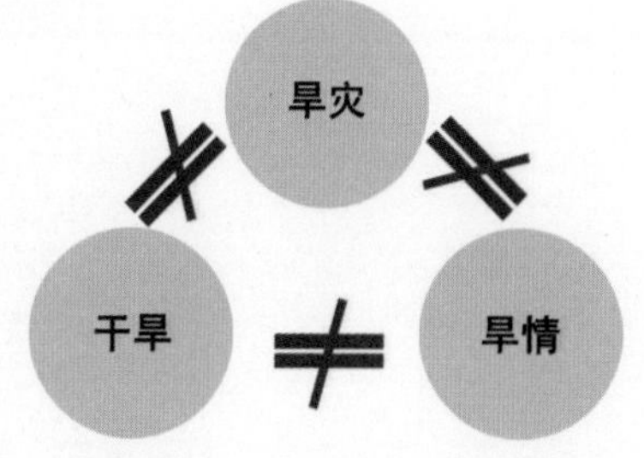

▲ 干旱、旱情、旱灾既相互联系又相互区别

物出苗率低、叶片凋萎或枯萎甚至干枯，群众和牲畜饮水困难，城市因旱供水短缺，水域生态数量或质量下降等多种情况。

知识拓展

干旱与旱灾

从干旱和干旱灾害的定义看出，二者是有截然不同的区别。干旱主要是由降雨偏少或气温偏高等异常因素所导致的，属于自然现象；而干旱灾害是多种因素共同作用的结果，是自然和人类活动所形成的叠加效应，是自然环境系统和社会经济系统在特定的时间和空间条件下耦合的特定产物。干旱就其本身而言并不是灾害，只有当其对人类社会或生态环境造成不良影响时才演变成干旱灾害。换言之，干旱是起因，干旱灾害是后果，表现为一种因果关系，但是干旱灾害不单单受干旱这一起因所制约，还包含着重要的人为因素，如社会经济基础、灾害设防能力、减灾工程和非工程措施等。

◎ 第二节 干旱知多少

一、干旱类型

1. 按影响对象分类

干旱可以分为农业干旱、城市干旱和生态干旱。

（1）农业干旱是指因降水少或土壤中水量不

足，不能满足农作物及牧草正常生长需求的水分短缺现象。

▲ 农业干旱

（2）城市干旱是指因遇到特大枯水年和连续枯水年，造成城市供水水源不足，实际供水量低于正常供水量，致使正常生活、生产用水受到影响的现象。

（3）生态干旱是指湖泊、湿地、河网等生态系统，受到天然降水偏少，江河来水量减少或地下水位下降等影响，出现湖泊水面缩小甚至干涸、河道断流、湿地萎缩或消失，咸潮上溯，使原有的生态功能退化或丧失，生物种群数量减少甚至灭绝的现象。

▲ 生态干旱

2. 按照发生季节分类

干旱可分为春旱、夏旱、秋旱、冬旱和两季或三季连旱。顾名思义，这些季节干旱就是发生在不同季节或者连续多个季节的干旱。在我国，春旱一般发生在3—5月，夏旱一般发生在6—8月，秋旱发生在9—11月，冬旱发生在12月至次年2月，由于地域辽阔，不同地区的季节干旱时间略有差异。

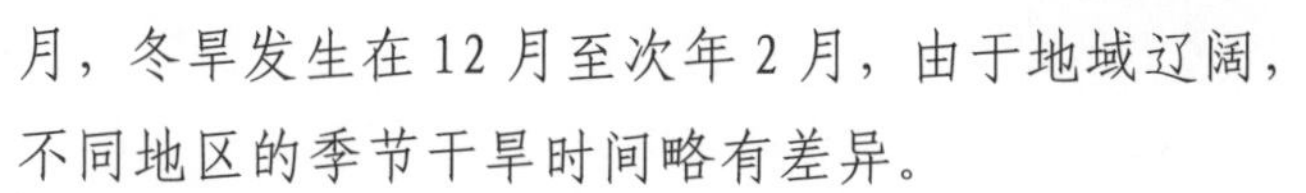

▲ 2007年赣江干流沙滩裸露

3. 按干旱表象分类

干旱可以分成气象干旱、水文干旱、农业干旱和社会经济干旱。

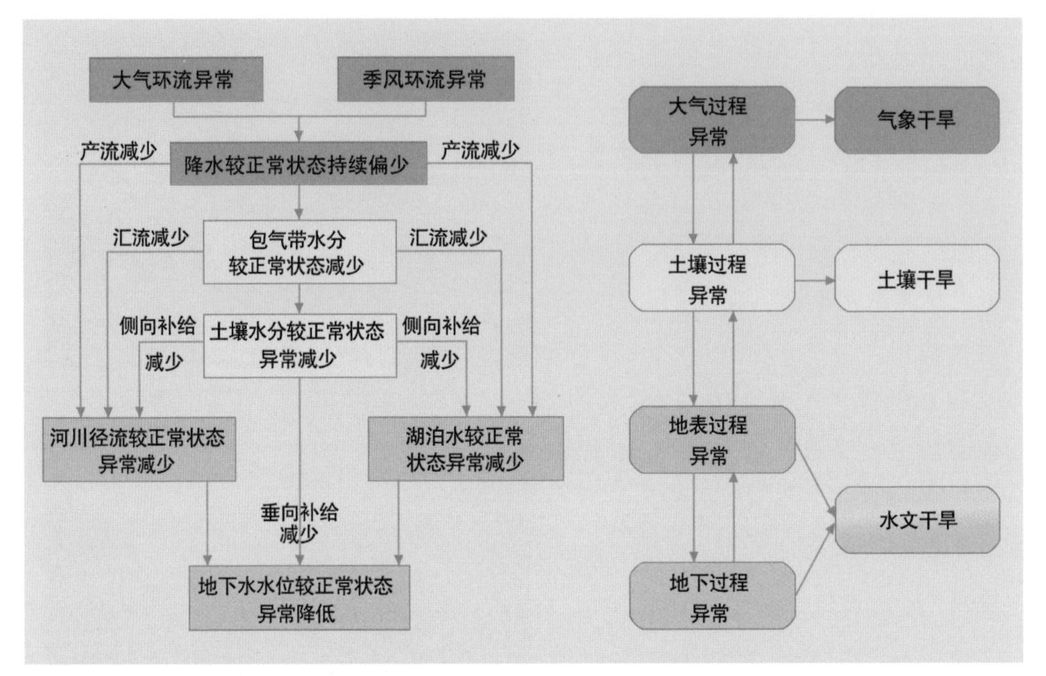

▲ 气象干旱、水文干旱、农业干旱的形成过程

（1）气象干旱又称为大气干旱，是由降水和蒸发的不平衡造成的异常水分短缺现象，通常以降水的偏少程度作为气象干旱指标。

（2）水文干旱是由降水和地表水或地下水的不平衡造成的异常水分短缺现象。通常用某一时间内径流量、河流平均日流量、水位等数据小于某个数量作为水文干旱指标，或用地表径流与其他因子组合成多因子指标来分析水文干旱。

（3）农业干旱是由外界环境因素造成作物体内水分不平衡，水分缺乏影响作物正常生长发育，进而导致减产甚至绝收的现象。

（4）社会经济干旱是指自然系统与人类社会经济系统中水资源供需不平衡造成的异常水分短缺现象。如果需求大于供给，就会发生社会经济干旱。

上述四类干旱中，气象干旱是基础，它往往

以农业干旱、水文干旱和社会经济干旱三种不同形式表现出来。

4. 其他种类的干旱

根据影响地域的不同，干旱可分为平原干旱、山区干旱或农区干旱、牧区干旱。

根据干旱影响的时间长短和特征不同，干旱可分为永久性干旱、季节性干旱、临时干旱和隐蔽干旱。

此外，干旱还有很多不同的分类方式，不一一列举。

二、季节干旱对农业的影响

在干旱的分类中，我们了解到干旱按照发生的季节可分成春旱、夏旱、秋旱、冬旱和两季或三季连旱。也就是说，干旱可能发生在任何季节，而且可能在多个季节连续发生。在我国，不同地区四季的月份不同，下面仅将大部分地区的季节干旱发生时间做介绍。

1. 春旱

春旱是指一年中 3—5 月期间发生的干旱。春季正是越冬作物（秋季播种，幼苗经过冬季，到第二年春季或夏季收割的农作物）返青、生长、发育和春播作物（春天播种的作物）播种、出苗的季节，特别是我国北方地区，春季是“春雨贵如油”“十年九

▲ 春季干枯的麦田

▲ 夏旱

春旱”的季节，春旱发生十分频繁。一旦降水量比正常年份偏少，就会发生严重干旱，不仅影响夏粮（夏天收获的粮食）产量，还会造成春播基础不好，影响秋作物的生长和收成。

2. 夏旱

夏旱是指一年中6—8月发生的干旱，三伏期间发生的干旱又称为伏旱。夏季是晚秋作物播种和秋收作物生长发育最旺盛的季节，气温高、水分蒸发大，干旱会影响秋作物生长以至减产。夏旱造成土壤基础含水量不足，还会影响到下一季作物（如冬小麦等越冬作物）的生长。6—8月恰逢雨季，长时间干旱少雨，水库、塘坝蓄不上水或蓄水不足，也会给冬春用水造成困难。

▲ 冬季干涸的鱼塘

3. 秋旱

秋旱是指一年中9—11月发生的干旱。秋季是秋作物成熟和越冬作物播种、出苗的季节，秋旱不仅会影响当年秋粮产量，还会影响下一年的夏粮生产。

4. 冬旱

冬旱是指一年的12月至次年2月发生的干旱。冬季雨雪稀少不仅影响越冬作物的安全越冬，还将影响来年春季的农业生产。

5. 连季旱

连季旱是指两个或两个以上季节连续受旱，如春夏连旱，夏秋连旱，秋冬连旱，冬春连旱或春夏秋三季连旱等。由于我国幅员辽阔，降水的时空分布十分不均匀，各地区作物的生长季也不同，所以，降水稀少可能会发生在任何季节，任何季节发生干旱都可能会影响某些地区作物的生长。

通过对全国各县易旱季节的调查和统计分析得出，春夏旱、春旱、夏秋旱和夏旱是我国四个主要的季节干旱类型。其中北方的易旱季节主要以春夏旱和春旱为主，南方则以夏秋旱和夏旱为主。易旱季节为冬春旱和秋旱的地区主要位于南方。

知识拓展

春旱在我国的分布

春旱主要发生在北京和天津全部、河北东北部和西南部、内蒙古东北部、辽宁中部和东部、黑龙江中部和西北部、山东大部分地区、湖北中南部、湖南北部、广西西部和南部、贵州西部、云南西部和东南部、西藏中部和北部、青海中部和西部、宁夏北部以及新疆中部。春旱主要影响冬小麦返青及春季作物的播种。

春夏旱在我国的分布

春夏旱主要分布于河北北部和东南部、山西全域、内蒙古大部分地区、辽宁和吉林的西部、黑龙江西南部和东北部、江苏北部、安徽北部和中东部、河南北部、湖北中东部、四川大部分地区、贵州中部、西藏东部和西部、陕西中部和北部、甘肃大部分地区、青海东部以及宁夏和新疆的大部分地区。春夏旱主要影响夏粮作物的生产和收获。

夏旱在我国的分布

夏旱主要分布于吉林中部和东部、江苏中南部、安徽西部和中南部、福建大部分地区、江西局部地区、山东东南部、湖北东南部和西南部、湖南西北部和东北部、重庆大部分地区、贵州东部、陕西南部、甘肃西北部以及新疆北部。夏旱主要影响秋粮作物的用水。

夏秋旱在我国的分布

夏秋旱主要发生在江苏东南部和西南部、浙江全部、安徽南部和中北部、江西中部和南部、河南南部、湖北北部、湖南中部和南部、广东北部、广西东部、重庆西部以及四川东部。夏秋旱主要影响中稻、晚稻的生长和收获。

冬春旱在我国的分布

冬春旱主要发生在西南、华南地区，影响居民用水；北方冬麦区，若持续到次年春季，影响作物返青。

◎ 第三节 我国的干旱灾害

一、我国干旱地区分布

我国各地降水量的多寡，随距海远近而不同。西北地区深居内陆，远离海洋，湿润的海洋气流难以到达，自古就有“春风不度玉门关”之说。因此，西北地区的降水量远比同纬度其他地区少，成为中国干旱较严重的地区之一。吐鲁番盆地西部的托克逊尤为严重，年平均降水量是6.3毫米，其中1968年全年降水仅0.5毫米，一度保持着全国最少降水的纪录。

我国属于东亚季风气候区，由于降水量受海陆分布、地形条件和东南及西南季风的影响，在地区上分布很不均匀，年降水量由东南沿海向西北内陆递减，形成东南多雨和西北干旱的地带性分布。以250毫米、500毫米和800毫米的年降水量作为干旱—半干旱—半湿润—湿润气候区的分界线，根据综合气候和水文状况等方面的特点，大体上可以把我国划分为干旱地区、半干旱地区和水分较为充足地区三种类型，本书仅讨论干旱和半干旱地区。

▲ 新疆吐鲁番托克逊一度保持全国最少降水纪录

我国的干旱地区，主要包括新疆、青海、甘肃、宁夏、陕西北部、内蒙古西部和北部、西藏雅鲁藏布江以西部分、云贵高原西部。由于年降水量稀少（仅在100～200毫米）、年蒸发量极大（多年平均值达1000～2000毫米），灌溉在农牧业生产中占极重要的地位，绝大部分地区如果没有灌溉工程，就很难保证农牧业生产的正常进行。

半干旱地区，主要包括西藏西部、青海大部分、甘肃中南部、内蒙古东部、陕西北部、山西北部。这些地区大部分年降水量在350～500毫米，以旱地农业为主。

小贴士

我国的湿润、半湿润地区分布

（1）湿润地区。降水量一般在800毫米以上，空气湿润，蒸发量较小。主要分布在秦岭—淮河一线以南的地区，青藏高原东南部边缘及东北三省的北部和东部地区。

（2）半湿润地区。降水量一般为400～800毫米。包括东北平原大部、华北平原、黄土高原东南部以及青藏高原东南部。海南岛西侧虽然降水量大于800毫米，但因高温导致蒸发量大，也属于半湿润地区。

二、我国六大区的干旱灾害特点

我国大部分地区受海陆分布、地形、季风和台风影响，降水在地区间差异很大，主要表现为东南多，西北少；在季节分配上，夏秋多、冬春少；此外年际变化大，就丰水年与枯水年的降水量变幅而言，一般南方为2～4倍，东北地区为3～4倍，华北地区为4～6倍，西北地区则超过8倍。降水的分布及变化规律决定了我国干旱灾害具有普遍性、区域性、季节性和持续性的特点。在干旱研究中，通常根据干旱灾害的发生特点和规律，将我国在空间上分成六个大区，即东北、黄淮海、西北、长江中下游、西南和华南。各大区发生干旱的一般规律是：东北地区以春旱和春夏连旱为主；黄淮海地区为春夏连旱，以春旱为主；长江中下游地区主要是伏旱或伏秋连旱；西南地区多冬、春旱，以冬春连旱为主；华南地区虽然降水总量丰沛，但因年、季分布不均，春、夏、秋也常有旱情；西北地区降水量稀少，为全年性干旱，农作物灌溉水源主要靠高山融雪和少量雨水，如果积雪薄，或气温偏低融雪少，灌溉水不足，将会产生严重旱情。

1. 东北地区

东北地区包括黑龙江、吉林、辽宁三省，纬度较高，气温较低，农作物生长季节较短，一年一熟。全生长期（4—9月）作物需水量为500～600毫米，同期降水量东部较大，接近或略大于作物需水量，西部较小，低于作物需水量。春季4—5月降水较少，西部一般为40～50毫米，东部为60～80毫米，均低于作物需水量的100～120毫米，如遇春季土壤底墒不足，春旱极易发生。春旱发生的频次西部较高，东部较低；初夏6月需水量增多，而雨季还未来临，此时易发生初夏旱；7—8月雨季降水增多，一般能满足同期作物需水要求，只有当年降水量偏少和降水年内分配不利时才可能发生干旱。总体看来，该地区以春旱、夏旱和春夏连旱为主，夏旱发生频次较春旱为低。

▲ 2018年夏季黑龙江哈尔滨市呼兰区许堡乡水稻受旱

2. 黄淮海地区

黄淮海地区包括北京、天津、河北、河南、山东、山西六省（直辖市），均位于南北气候分界线的淮河、秦岭以北，降水量一般为400～800毫米，春季降水少，主要集中在汛期。春季3—5月，黄河和海滦河平原地区

▲ 2009年春季黄淮海冬麦区受旱小麦

作物亏缺水量一般为120～200毫米，春旱严重；初夏雨季未到，时有干旱；盛夏雨季，旱情较少，总体上该地区的易旱季节为春夏连旱，以春旱为主。

小贴士

什么是干热风

干热风亦称“干旱风”“热干风”，俗称“火南风”或“火风”，是在小麦扬花灌浆期出现的一种高温低湿并伴有一定风力的灾害性天气，是农业气象灾害之一。干热风通常出现在温暖季节，总体表现为温度显著升高，湿度显著下降，并伴有一定风力，往往导致蒸腾加剧，根系吸水不及，使小麦灌浆不足，秕粒严重甚至枯萎死亡。干热风一般分为高温低湿和雨后热枯两种类型，均以高温危害为主。干热风是小麦生产中不可忽视的农业气象灾害。

3. 西北和内陆区

西北和内陆区包括陕西、甘肃、宁夏、内蒙古、新疆、青海六省（自治区），气候干旱少雨，年降水量在400毫米以下，各季降水量不能满足作物需水量要求，为全年性干旱，是没有灌溉就没有农业的地区。农作物由于受灌溉水源年内、年际丰枯变化的影响，常出现季节性干旱。新疆北部灌区多发生春旱，南部灌区多发生在春、秋旱。宁夏多为春夏连旱，甘肃、青海多为春、夏旱。宁夏河套灌区、甘肃河西走廊灌区以及青海的西宁和海东地区的灌区，由于灌溉水源条件较好，干旱发生的频次少。

▲ 2010年夏季内蒙古牧区牲畜饮水困难

4. 长江中下游和太湖区

长江中下游和太湖区包括江苏、安徽、湖北、湖南、浙江、上海、江西七省（直辖市），位于东亚季风盛行区，多年平均降水量为800～1600毫米，年降水变率为10%～25%，4—9月为作物主要生长期，降水量占全年的60%～80%，降水变率为15%～30%。地区春季多雨，春旱很少发生。当在初夏季节遇“枯梅”和“空梅”，以及在夏秋时节副热带高压控制下，出现持续晴热少雨天气时，水稻需水得不到满足，易发生夏旱或夏秋连旱。

▲ 2019 年冬季鄱阳湖水位降低露出的滩涂

知识拓展

什么是梅雨

每年 6 月中旬东亚季风推进到江淮流域，此时，江淮流域常出现连阴雨天气，而且降水集中，往往雨量很大。由于这一时期梅子熟了，人们称之为“梅雨”。梅雨季节开始的一天称为“入梅”，结束的一天称为“出梅”。由于这一时期东西极易发霉，也有人称之为“霉雨”。出梅以后长江中、下游地区一般会出现盛夏酷暑天气。

什么是空梅

有些年份长江中下游地区梅雨非常不明显，而且这段时间里雨量也不大，这种情况称为“短梅”。更有甚者，个别年份从初夏开始，长江中下游地区一直没有出现连续的阴雨天气，多数为白天晴朗暖和、早晚非常凉爽的天气。这段时期一过，很快就转入了盛夏，这样的年份称为“空梅”。一般情况下，平均每 10 年有 1 ~ 2 次“短梅”和“空梅”现象，常常伴有伏旱发生，个别年份还可能发生大旱。

什么是倒黄梅

有些年份，长江中下游地区黄梅天似乎已经过去，天气转晴，温度升高，出现盛夏的特征。可是，几天以后，又重新出现闷热潮湿的雷雨、阵雨天气，并且维持相当长的一段时间。这种情况就好像黄梅天在走回头路，重返长江中下游，所以称为“倒黄梅”。一般说来，“倒黄梅”维持的时间不长，短则一周左右，长则十天半月。在“倒黄梅”期间，由于多雷雨阵雨，雨量往往相当集中。“倒黄梅”属于梅雨的一种，它在结束之后，通常都转为晴热的天气。

5. 华南地区

华南地区包括福建、广东、广西、海南四省（自治区），属湿润季风气候，雨水充沛，农作物一年三熟，无农事休闲地。一年四季中，任一生育期的农田水分供应不足，都会引起干旱。海南省、广东南部和广西中部是春旱为主的地区，广东东部、广东北部和广西东部是秋旱为主的地区，广西西部则为春秋旱为主的地区。

▲ 2021 年春季广东汕头市龙溪二级水库水位下降

6. 西南地区

西南地区包括四川、重庆、云南、贵州、西藏五省（自治区、直辖市），处于我国东部季风区与青藏高寒区的过渡带。该地区的四川中西部、云南西部、贵州西部多为春旱、夏旱和春夏连旱。贵州东部、四川东部则多为夏旱。

▲ 2006 年夏季重庆市大足区干枯的竹林

知识拓展

让海洋“发烧”的厄尔尼诺现象

厄尔尼诺现象是指南美西部厄瓜多尔和秘鲁附近的热带海洋里海温出现异常的现象，比常年的海温高出 2 ~ 3℃，并持续数月以上，有时可达一年以上。厄瓜多尔沿海出现的暖流会向秘鲁沿海一带扩展，可南伸至南纬 12 度左右，沿海浮游生物多被扼杀，鱼类大量死亡，形成一种海洋灾难。通常，在厄尔尼诺年，会有大范围的异常天气出现。

让海洋“着凉”的拉尼娜现象

“拉尼娜”在西班牙语中有“上帝之女”之意，是一种水文现象，这种水文特征将使太平洋东部水温下降，出现干旱，与此相反西部水温则会上升，呈现多雨现象，甚至比正常年份更明显。拉尼娜这种水文现象在全球范围内不会对气候产生重大影响，但会给我国广东、福建、浙江等东南沿海一带带来较多且持续一定时期的降雨。

小贴士

农业因旱受灾的几个指标

（1）受灾面积。因旱造成作物产量比正常年产量减产一成及以上的面积。

（2）成灾面积。在受灾面积中，因旱造成农作物产量比正常年产量减产三成及以上的面积。

（3）绝收面积。在成灾面积中，因旱造成作物产量比正常年产量减产八成及以上的面积。

三个指标之间有包含关系，绝收面积包含在成灾面积中，成灾面积包含在受灾面积中。

◎ 第四节 干旱灾害的影响有哪些

一、干旱灾害对农业生产的影响

干旱灾害是对我国农业生产危害最大的自然灾害。干旱对农作物的影响机理是：在长期高温无雨或少雨的情况下，由于蒸发强烈，土壤水分发生亏缺，作物体内水分平衡遭到破坏，影响其正常生理活动，对作物造成损害。特别是农作物，在营养生长向生殖生长转换期内对水分最为敏感，如果水分条件不能保证需要，作物生长和产量将受到影响。

据统计资料分析，1950—2020年，全国农作物多年平均因旱受灾面积超过3亿亩，其中多年平均成灾面积1.35亿亩，多年平均因旱损失粮食162.99亿千克。71年中，全国农作物因旱受灾面积超过4亿亩的共19年，其中2000年、1978年、2001年、1960年、1961年、1959年和1997年超过5亿亩；成灾面积超过2亿亩的共16年，其中2000年、2001年和1997年超过3亿亩；因旱粮食损失超过3000万吨的共10年，其中2000年、

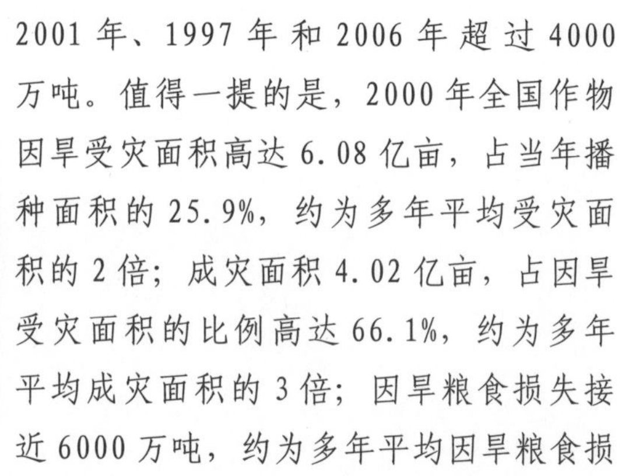

2001年、1997年和2006年超过4000万吨。值得一提的是，2000年全国作物因旱受灾面积高达6.08亿亩，占当年播种面积的25.9%，约为多年平均受灾面积的2倍；成灾面积4.02亿亩，占因旱受灾面积的比例高达66.1%，约为多年平均成灾面积的3倍；因旱粮食损失接近6000万吨，约为多年平均因旱粮食损

▲ 农业旱灾

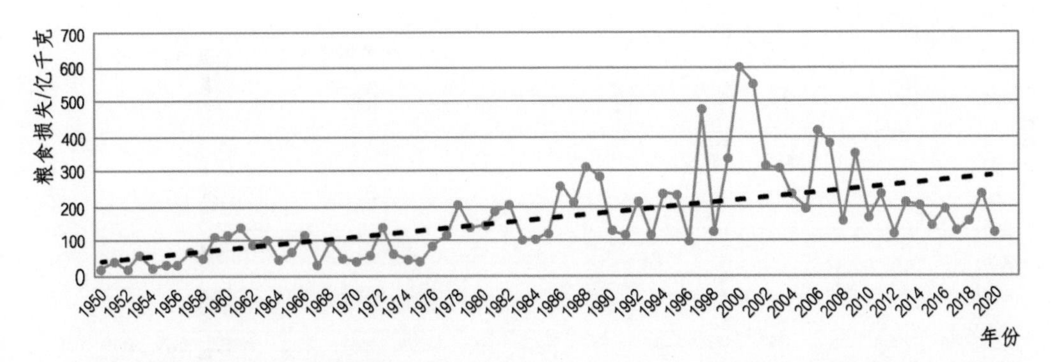

▲ 1950—2020 年全国因旱粮食损失量变化图

失的 4 倍，占到当年粮食总产的 13%。

从上图可知，1950 年以来，我国因旱粮食损失呈现明显增加趋势，主要有以下几方面原因：一是随着农业生产规模的不断扩大和农业科技的迅速发展，粮食单产不断提高，同等干旱条件下，旱灾对粮食产量的影响大大增加；二是随着社会经济高速发展和人民生活水平的提高，工业生产和城市生活用水挤占农业用水现象日趋严重，尤其是发生重大干旱时，常常弃农业而保生活、生产用水；三是随着全球气候变暖，严重甚至特大干旱灾害发生更为频繁，农业生产变得更加敏感、脆弱。

此外，由于不同区域气候、地理、水资源等自然条件以及水利基础设施条件等存在较大差异，特别是受全球气候变化的影响，近年来我国干旱灾害区域分布发生了较大的变化，北方地区由于长期以来水资源条件较差，农业灌溉工程比较完善，近些年的干旱对农业造成的损失有所减小。而南方地区干旱灾害发生频率有增加趋势，如 2010 年西南大旱，2019 年长江中下游大旱等都对地区的生活生产造成了严重的影响。

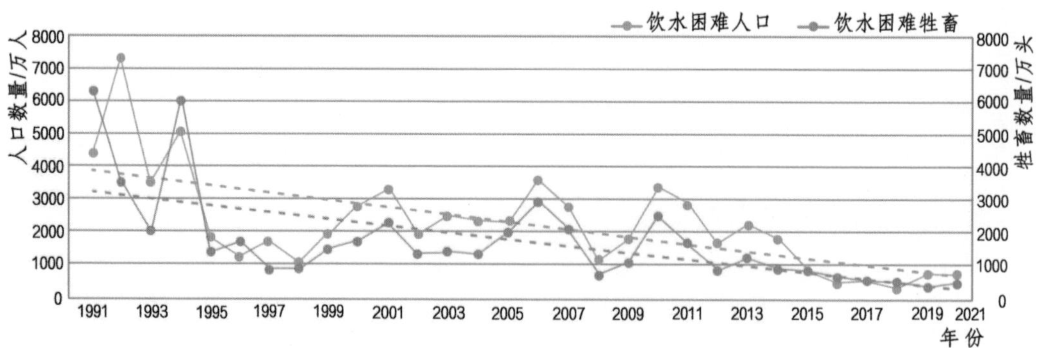

▲ 1991—2020年农村因旱饮水困难人口和牲畜数量逐年变化情况

二、干旱灾害对城乡居民饮用水的影响

据1991—2020年统计数据，全国平均每年有2250.40万农村人口和1695.38万头大牲畜因旱发生临时性饮水困难。20世纪90年代初，我国因旱饮水困难问题十分突出，90年代中后期随着“人饮解困”工作的推进，情况有所缓和。但2000年以后的几场大范围干旱期间，又出现明显反弹，尤其是2001年、2006年、2010年全国农村因旱饮水困难人口都超过了3200万人，主要发生在水资源匮乏的西北地区，以及山丘区较多、蓄水困难的西南地区。

近年来，北方大部分地区的连年干旱使城市供水短缺问题更加突出。2000年大旱，全国有620座城镇缺水（包括县城），影响人口2600多万人。天津、烟台、威海、大连等城市相继出现供水危机，居民正常生活受到严重影响。受2006年川渝大旱影响，2007年3月嘉陵江水位严重偏低，导致重庆市部分城区供水告急，120万城市居民生活用水受到严重影响。2022年长江流域发生夏秋连旱，上海、南昌和武汉等重要城市供水安全一度受到严重威胁。

小贴士

人畜饮水困难的标准是什么

人畜饮水困难指因干旱造成的城乡居民、牲畜饮用水短缺。判别标准参考《区域旱情等级》（GB/T 32135—2015），即由于干旱，导致人、畜饮水的取水距离和难度增加或基本生活用水量北方地区低于20升/（人·天）、南方地区低于35升/（人·天），或者因旱饮水困难持续15天以上。因旱牲畜饮水困难的判别可参考地方标准，或以牧区拉水距离大于5千米作为判别标准。

三、干旱灾害对生态环境的影响

水资源不仅支撑着人们的生活和经济社会的发展，也支撑着自然生态系统的正常运行。水，既是生态系统的重要组成部分，又是生态系统的控制性要素。随着经济社会的快速发展和城乡居民生活水平的不断提高，用水需求大幅增加，导致我国许多地区水资源短缺现象日益突出。为维持经济社会的发展，多年来我国许多地区都是以挤占生态用水为代价。特别是北方地区，由于干旱灾害日趋频繁，生态用水受到严重侵害，多表现为河道断流、湖泊湿地萎缩、地下漏斗扩大、生物多样性减少、土壤沙漠化、绿洲萎缩、植被退化甚至死亡等。20世纪90年代，黄河下游几乎年年断流，黄河三角洲生态系统遭到严重破坏，湿地萎缩近一半，鱼类减少40%，鸟类减少30%。2002年，南四湖地区发生1949年以来最为严重的特大干旱，湖区基本干涸，湖区70多种鱼类、200多种浮游生物种群濒临灭亡，湖内自然生态遭受毁灭性破坏。20世纪80年代以来，“华北明珠”白洋淀就曾多次发生干淀现象。近年来，南方地区干旱缺水现象也频发，太湖枯水导致水质恶化、珠江入海口咸潮上溯，都给水体和周边生态环境造成极大的影响。

> **小贴士**
>
> **“黑灾”是黑色的吗**
>
> “黑灾”是指发生在牧区冬季到初春牲畜饮水困难的情况。在没有水的冬春牧场，“黑灾”主要取决于冬春季无积雪日数；在供水不足的冬春牧场，还与地表水体封冻的迟早、地下水埋深以及供水设施完善程度等有关。在供水设施不足的缺水或无水的冬春牧场，牲畜群由于很多天吃不上雪，常出现掉膘、瘦弱、瘟疫流行甚至死亡的情况。因此，将冬春季连续无积雪日数的多少作为黑灾分级的指标：连续无积雪天数20～40天为“轻黑灾”；连续无积雪天数41～60天为“重黑灾”；连续无积雪日数超过60天的为“极重黑灾”。

> **小贴士**
>
> **旱情等级**
>
> 在我国，将旱情的严重程度划分为轻度干旱、中度干旱、严重干旱、特大干旱四个等级。对于某个行业或者某个小范围地区，用不同指标来确定旱情等级。如农业通常用土壤含水量、降水偏少百分比、连续无雨日数等；城市用干旱缺水率；饮水困难用每人每日供水量及持续天数等指标。对于一个较大的区域，要综合考虑农业、城市、饮水等主要行业受到的影响。具体可参考《区域旱情等级》（GB/T 32135—2015）及《旱情等级标准》（SL 424—2008）。

四、干旱灾害引发的次生灾害

1. 蝗灾肆虐

人类很早就注意到，蝗灾常和旱灾相伴而生。我国古书上就有“旱极而蝗”的记载。根据1985年河南民政厅整理的《历代自然灾害资料汇编》记载，在清代的193次旱灾中，次生蝗灾109次；

在民国期间的35次旱灾中，次生蝗灾29次。这说明，发生旱灾不一定有蝗灾，但蝗灾却往往跟随着旱灾发生，旱、蝗并发是一种常见的自然现象。历史资料记载中也发现，蝗灾与干旱同年发生的概率最大。

20世纪80年代以来，由于受到干旱气候、土壤沙化和盐碱化的影响，农业生态环境发生了很大的变化，导致新的蝗区不断产生，老蝗区蝗灾反复发生，蝗灾暴发频率上升。例如，1985年，天津的蝗虫跨省迁飞到河北，1995年和1998年黄淮海地区蝗虫大暴发，1999年境外蝗虫还迁入我国新疆，造成大面积农牧区受害。2001年黄淮海地区的夏蝗尤为严重，河北的安新、黄骅，河南的开封、兰考，山东的无棣、沾化等县均出现高密度的蝗虫，最高密度达3000头/米^{2}以上。

▲ 蝗灾

2. 森林火灾

干旱往往伴随着高温、大风天气，对于森林树木密集的地区，枯枝落叶、杂草和灌木丛大量堆积，长期干旱使得树木十分干燥且易燃，草地森林火灾的风险很高。如果气候持续干燥一段时间，又遇上雷雨季节，树的上部也容易遭受雷击而着火。一旦发生火灾，可能造成人员伤亡、林木资源损失，伴随的浓烟还会使能见度下降，严重影响救援进度。

▲ 2010年5月，昆明筇竹寺后山的森林大火

在2010年西南大旱的影响下，森林火灾发生频繁。据统计，当年2月1日至3月10日，广西累计发生森林火灾331起，过火面积6029公顷，受害森林面积778公顷。与2009年相比，森林火灾的过火面积增加了七成多。

3. 地下水超采

遇干旱年份，有些地区通过抽取地下水来应对缺水问题，但是地下水长期过度超采会引起地面沉降、地下漏斗等严重后果。

地下水超采会引发地面沉降。古代高塔如今有“十塔九斜”之说，位于中国千年古都西安的大雁塔在建成1000多年后也是略有倾斜。20世纪90年代，随着经济发展和人口快速增长，西安市城市用水急剧增加，当时又赶上气候干旱，河流水量减少。因缺乏城市饮用水，大雁塔周围居民就自己打井，无限制开采地下水，致使大雁塔一带地下水位一度降至100米以下，到1996年，塔倾斜达到最大程度，倾斜度达到1010.5毫米，也就是1米多。专家分析，除了建筑物的自然沉降因素外，地下水超采引起的地面沉降是大雁塔的倾斜速度加快的主要原因。

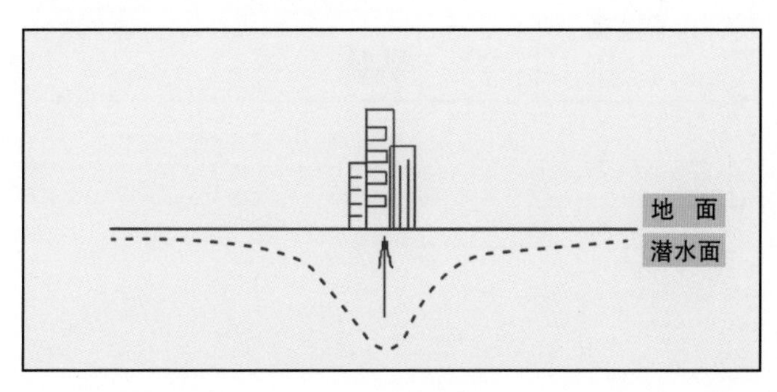

◀ 地下水漏斗示意图

地下漏斗是地面沉降的一种，是指由于地下水过量开采和区域地下水位持续下降，地下水面呈现漏斗形状的现象。由于地下水超采严重，我国黄河流域、淮河流域、海河流域都曾出现大面积漏斗。

4. 海水入侵

海水入侵是指海水通过透水层（包括弱透水层）渗入地下水位较低的陆地淡水含水层。海水入侵通常发生在临海地区，它的发生与干旱密切相关。由于干旱缺水，临海区超量开采地下水，地下淡水水位下降，海水与淡水的交界面不断向内陆推移，导致地下淡水不断掺杂了海水而咸化。这种环境变化在半湿润半干旱区海岸带的莱州湾沿岸、渤海湾沿岸危害已很严重，在湿润地区的上海、宁波等地也已出现。近年来，针对海水入侵，实行了压咸补淡工程，就是向地下水补充淡水，使海水与淡水交界面往大海方向移动。

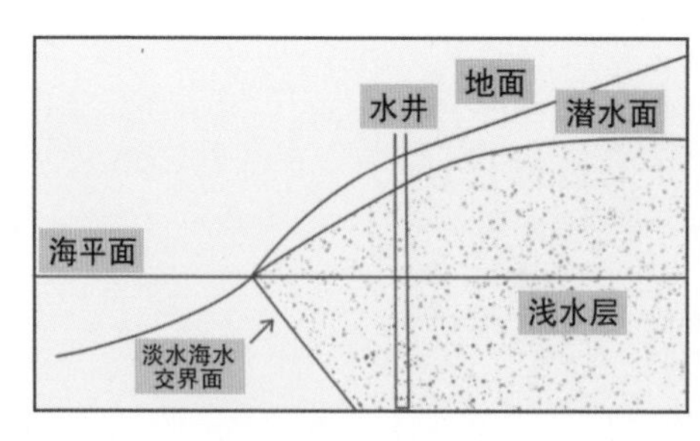

▲ 海水入侵前静力学示意图

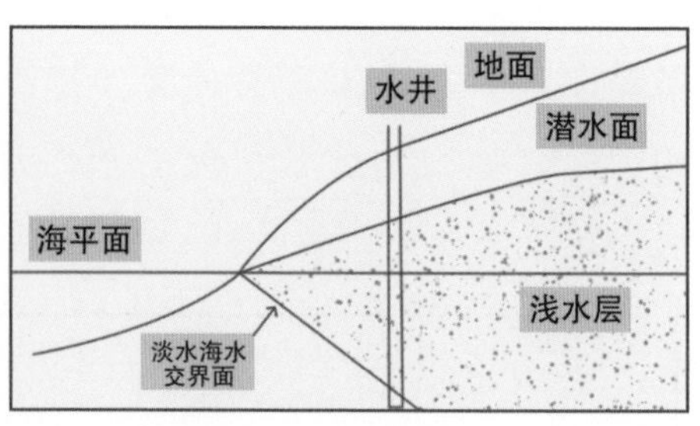

▲ 海水入侵后静力学示意图

第六章 回顾重大干旱灾害

◎ 第一节 新中国成立前：连年旱灾下的中国人民

一、明末崇祯大旱

1637—1646 年为我国明末清初时期，这期间发生了一场近 500 年来时间最长、范围最大、受灾人口最多的持续性旱灾。这场大旱遍及全国现在的 20 多个省（直辖市），1637 年干旱始于陕西北部，主要出现在华北和西北地区，1638 年开始向南扩大到江苏、安徽等省，1646 年止于湖南，旱区覆盖黄河、海河、淮河和长江流域现在的 15 个省（自治区），重旱区在黄河、海河流域，多数地区持续 4 ~ 8 年。

据文献记载，明崇祯大旱期间自然变异非常明显，1637 年、1639 年、1640 年和 1641 年华北地区年降水量不足 400 毫米，5—9 月降水量不足 300 毫米，比常年同期偏少 3 ~ 5 成。其中，1640 年和 1641 年旱情尤其严重，年降水量不足 300 毫米，5—9 月降水量为 200 毫米左右。

在 1637 年干旱初期，仅少数地区有庄稼受旱和人畜饥馑的现象。第二年，江苏、安徽等省的大部分地区，都有庄稼受害、人畜饥馑的现象，个别地区有人相食的记载。到了干旱的第四、第五年，即 1640 年和 1641 年，旱情加重，禾苗干枯、庄稼绝收，山西汾水、漳河都枯竭了，河北九河俱干，白洋淀涸，此外淀竭、河涸现象已遍及各地，人相食的现象更是频频发生。陕西、山西、河北、山东、河南等省还伴随着蝗虫灾害和严重的疫灾。河南“大旱蝗遍及全省，禾草皆枯，洛水深不盈尺，草木兽皮虫蝇皆食尽，人多饥死，饿殍载道，地大荒”；甘肃大片旱区人相食；山西“绝粜罢市，木皮石面食尽，父子夫妇相剖啖，十亡八九”。到了干旱第六、第七年，即1642年和1643年，各地旱情才略有缓和，灾情相对减轻。

明崇祯1628—1643年间，外有清兵临境，内有连年旱灾。河北、山东大量灾民弃耕逃亡，很多村庄变成无人村。自然灾害导致了经济的全面崩溃，并激化了社会动荡。明崇祯时陕西关中爆发了李自成、张献忠农民起义，很快便席卷大半个中国。1644年农民起义军攻入北京，明朝灭亡。

二、清光绪时期的“丁戊奇荒”

清朝光绪初年（1875年），中国北方发生了一场严重的大旱灾。从清光绪二年（1876年）到清光绪五年（1879年），大灾几乎遍及山西、河南、陕西、河北、山东等五省，并波及江苏、安徽等省的北部，受灾面积达77.7万千米²。由于此次大灾以清光绪丁丑年（1877年）、戊寅年（1878年）的灾情最严重，故论者习称之“丁戊奇荒”；其中又因山西、河南二省受灾最严重，又常被人称为“晋豫奇荒”。

▲ 清光绪大旱期间的灾民

严重干旱段发生在1876—1878年。1876年旱区集中在海河、黄河和淮河流域，以及长江下游、上游和西南诸河地区，多达145个县受灾，重旱区在山西、山东、苏北沿海和安徽部分地区。1877年为最严重的旱年，旱区波及308个县，重旱区扩大为陕西、宁夏、内蒙古、山西、河北、山东、河南七省（自治区）。1878年受旱县131个，重旱区范围缩减为黄河中下游、海河流域和淮河流域北部部分地区。这次大旱以山西省受旱最为严重，1876年、1877年和1878年降水量比常年降水量显著偏少，1877年降水较常年减少最为显著，如阳曲、忻州为多年平均降水的5～6成，右玉、朔县则不足1成，一般多在4成以下，旱情分外严重。

据史料记载，清光绪二—四年(1876—1878年)发生的旱灾是造成历史上死亡人数最多的一次大旱。1877年，河南“全省大旱，夏秋全无收，赤地千里，大饥，人相食”“报灾省八十七个州县，待赈饥民不下五六百万”(袁保垣:《文成公集·奏议》)。山西全省各地连续无雨日数短为50～60天，长则达3个月以上，山西境内“无处不旱”“河东两熟之地，灾重者八十五区，饥口入册者不下四五百万”（王锡伦:《丁丑奇荒记》）；是年八月一日，山西巡抚曾国荃奏折“晋省报灾州县已有五十七处，饥民二百余万。”十二月十日奏报统计“全省被旱十分(颗粒无收)者，十六个州县，被旱九分者十三个县，被旱八分者三十个县，被旱七分、六分、五分以下还有九县”（《山西通志》86卷记载）。河北省有史料可查的受灾州县达68个，严重受灾的有邯郸、邢台、沧州、衡水、石家庄、保定等地区，许多地方志中有“终年无雨”的记载，威县“三、四年亢旱”，盐山“大旱三年，流离载道”。据统计，三年大旱中，山西、河南、河北、山东等地因旱灾饥饿致死者多达1300万人。

这场特大干旱，正处于国内长期战争之后，清廷为镇压太平军和捻军，打了近20年的仗，战火遍及半个中国。英、法帝国先后发动的两次鸦片战争，使清廷割地赔款，国库空虚，财力日竭。大旱年间，清政府对百姓狂征暴敛，灾民得不到济赈，大量死亡。这次严重的旱灾也动摇了清朝的统治基础。

◎ 第二节　新中国成立后：干旱灾害仍在持续

一、1959—1961年大旱

1959—1961年，在我国历史上称为“三年自然灾害时期”，这三年里，发生了局地洪水和大范围干旱。其中，干旱的持续时间最长，造成的损失也最大，使农业生产大幅度下降，市场供应十分紧张，人民生活十分困难，人口非正常死亡急剧增加。仅1960年统计，全国总人口就减少了1000万人。

1959年6月以前，干旱主要发生在黄河以北地区。上半年6个月，河北和东北三省总降水量比常年同期偏少2～4成。春播期间，辽宁省西部、辽东半岛大部分地区连续40～50天没有降雨，严重影响播种和出苗。吉林省西部和南

▲ 1959—1961年大旱时期捡菜叶的市民

部长白山一带因旱小河断流，松花江水源濒于枯竭，丰满水库发电缺水。夏秋两季，干旱带向南移动，黄河中下游和长江中下游主要农业区旱情重。其中7月、8月两月许多地区的降水量不到常年同期的1/4，发生了几十年少有的伏旱。河南、山东、安徽、江苏、河北、湖南、陕西、四川、山西等地为旱情最重的地区，淮河、长江出现历史上最低水位。8月下旬开始，黄河中下游、长江下游和东南沿海先后降雨，但河南、湖北、四川、陕西等省旱情仍持续。9月中下旬至11月，华南广大地区又发生严重秋旱，部分地区直到12月中旬才缓解。

在1959年大范围重旱的基础上，1960年继又发生春夏连旱，受旱范围广，持续时间长，灾情更为严重。河北、河南、山东、陕西、内蒙古、甘肃、四川、云南、贵州、广东、广西、福建等省（自治区）遭遇春夏两季连旱。江苏、安徽、浙江、湖北、湖南、江西等省的部分地区发生夏旱。干旱持续了6～7个月，其中河北省许多河流因旱断流，永定河河北段及潴龙河断流5个多月，子牙河及滏阳河衡水以下河道，从1959年11月开始，共断流9个月。山东省旱情最严重期间，境内的汶河、潍河等8条主要河流全部断流，全省成灾面积占受灾面积的一半。

1961年，全国大部分地区降水仍比常年偏少，对农业生产的影响可谓雪上加霜。入春后，华北、西北东部和东北西部风多雨少，山东、河南、河北、山西、陕西、内蒙古、辽宁等省（自治区）先后发生了不同程度的春旱。江淮地区的梅雨期开始于6月初，6月中旬就结束，历时短、结束也早。6月中旬开始到8月底大部分地区降水量比常年同期偏少4成以上。淮河及各支流月平均流量比往年平均流量明显偏少。

总体来看，1959—1961年连续3年受旱，对国民经济造成十分严重的影响。

二、2000—2001年世纪之交大旱

2000—2001年世纪之交，发生了新中国成立以来最严重的全国性两年连旱。其中，2000年为特大干旱年，2001年为严重干旱年。

2000年的春旱和夏旱波及北方大部分和南方部分地区。2—7月，北方大部分、长江流域沿江地区及四川盆地、广西南部等地降水总量比常年同期偏少2～5成，部分地区偏少5～7成，其中内蒙古、辽宁、吉林、河北、山西、山东、甘肃、安徽、湖北、四川等省（自治区）的一些地区降水总量是1949年以来同期最小值。全国大部分地区气温较常年同期偏高，高温少雨造成全国主要江河来水量明显偏少，特别是黄河以北地区大部分河流汛期来水总量比多年平均值少5～9成，辽河、黄河中下游汛期来水总量为历史同期最小值。当年，全国农作物因旱受灾面积6.08亿亩，其中成灾面积4.02亿亩，绝收面积1.20亿亩，因旱损失粮食599.6亿千克，占当年粮食总产量的12.3%。旱情严重期间，全国有2770万农村人口和1700多万头大牲畜发生临时饮水困难。全国有620座城镇（含县城）缺水，影响城镇人口2635万人。天津、烟台、威海、长春、承德、大连等大

▲ 2000年春旱早稻秧苗受旱情景

中城市发生供水危机，不得不采取非常规的节水、限水或远距离调水等应急措施。

2001 年旱情主要在春夏季。旱区主要集中在北方地区和长江流域部分地区。干旱的成因主要受“拉尼娜”现象的影响，严重旱情出现在夏粮产量形成和秋粮播种出苗的关键时期。春夏季干旱少雨，导致长江中下游及江淮大部分地区总降水量比常年同期偏少 3 ~ 7 成，全国旱情持续发展。北方地区发生严重夏伏旱，致使江河来水明显偏枯，多条河流来水之少创历史纪录。辽河干流福德店水文站发生 5 次断流，断流 135 天，为历史上断流时间最长的年份。松花江哈尔滨段 2001 年 7 月 6 日水位为有水文记录以来的最低值。黄河流域 2001 年汛期来水量为有实测资料以来的最枯年份。当年全国农作物因旱受灾面积 5.79 亿亩，其中成灾面积 3.55 亿亩，绝收面积 0.96 亿亩，因旱灾损失粮食 548 亿公斤，经济作物损失 538 亿元。

三、2006 年川渝大旱

2006 年重庆、四川东部发生了百年一遇的气象干旱。7—8 月，重庆、四川平均气温分别达到 1951 年以来历史同期最高，其中重庆綦江县日最高气温达到 44.5℃。7—8 月，重庆、四川平均降雨量比往年同期偏少 5 ~ 8 成。由于持续高温少雨，8 月长江流域出现较为罕见的主汛期枯水。8 月中下旬，长江干流寸滩、宜昌、枝城、沙市、石首、九江、大通以及鄱阳湖湖口水文站相继出现历史同期最低水位；长江干流宜昌和汉口水文站 8 月平均流量分别出现历年同期最小值；长江荆江段“三口五河”

中安乡河、松滋河东支、藕池河、虎渡河出现断流；汉江丹江口水库水位降至死水位以下。

受持续高温少雨天气影响，7—8月，一度有1980万亩农作物受旱；有820.4万人、748.8万头大牲畜因旱出现饮水困难，超过全市总人口的四分之一。四川省有139个县发生夏伏旱，作物受旱面积2828万亩；有443.6万人、586.6万头大牲畜因旱出现饮水困难，其中有135万人依靠拉送水生活，一些山区群众日常水源枯竭，要到几公里以外的地方挑水或十几公里外的地方运水。

▲ 2006年川渝大旱重庆云阳干涸的水塘

9月上旬的两次大范围降雨过程，缓解了四川旱区的旱情，缓和了重庆全市范围的农作物旱情。但重庆市一些地方人畜饮水困难一直持续到9月底。

四、2009—2010年西南大旱

2009年10月至2010年5月，我国西南地区发生了历史罕见的特大干旱，干旱持续时间长、强度大、范围广、损失重，对旱区经济社会发展和城乡居民生活生产造成了严重影响。

2009年入秋后，西南地区降雨和来水持续偏少，10月云南省中北部旱象露头，11月波及全省；12月，贵州、广西两省（自治区）旱情开始显现；2010年2月，云南、贵州、广西、四川和重庆等五省（自治区、直辖市）旱情日渐严重，并进一步发展加剧；4月初，西南地区旱情发展达到高峰，其中云南大部、贵州西部和南部、广西西北部旱情十分严重，达到特大干旱等级，五省（自治区、直辖市）耕地受旱面积一度达到1.01亿亩，占全国同期耕地受旱面积的84%，有2088万人、1368万头大牲畜因旱饮水困难，分别占全国同期的80%和74%。

3月下旬后，西南地区开始陆续出现降雨过程，重庆、四川盆地、广西大部分地区旱情开始缓解，至4月底基本解除，贵州大部分、云南西部和南部旱情开始缓和，云南中北部和东部等重旱区旱情仍然持续。4月底至5月中旬，随着西南地区逐渐进入雨季，降水明显增多，除前期降雨较少的云南中北部和东部、贵州局部旱情仍然持续外，西南其他地区旱情基本解除。

西南地区从2009年10月旱情露头到2010年5月中旬大部分地区旱情缓解，干旱持续时间长达半年之久，其中云南省中北部干旱持续时间超过8个月。

▲ 2010年3月下旬云南省砚山县村民排队取水

降服旱魔，已成为全国人民的当务之急。面对几次大旱，近年来国家政府及相关部门紧密协调，部署制定了应急方案和长远规划，并已采取了一系列行之有效的节水供水措施以抵抗旱灾。

第七章 防御干旱灾害

◎ 第一节 工程防御措施

▲ 水库

▲ 塘坝

为应对干旱灾害，政府通常会根据本地区的水资源条件及供用水情况，修建常规抗旱工程。这些工程防御措施能够在增加水源方面起到重要作用。抗旱工程主要有以蓄水（包括水库、塘坝、水窖等）、引水（包括有坝引水、无坝引水）、提水（包括机电排灌站和机电井）为主的水源工程，以调水为主的水资源调配工程，以农业灌溉为目的的灌区工程，以应急抗旱为用途的应急备用水源工程，还有以提高农业用水效率为目的的农业节水工程等。

在我国，不同的水利工程、通常是特定自然环境的产物，如南方多蓄水工程、水库、塘坝，北方多引水工程、机电井，山区多蓄水工程，平原多提水工程等。虽然不同区域水利工程类型不尽相同，但在同一区域中，常常需要蓄、引、提、调等多措并举。

新中国成立以后，抗旱工程经历了几个建设和发展完善的阶段。

1949年，新中国成立初期，抗旱基础设施薄弱，农业生产靠天吃饭，抗旱能力极低。全国14.7亿亩耕地面积中，有效灌溉面积仅2.39亿亩，仅占耕地面积的16.3%，灌溉机电井还不足10万眼。全年粮食总产1.13亿吨，平均亩产仅77千克。新中国成立以来，我国把发展农田水利事业、提高旱灾防御能力作为经济社会发展的重点，新建、恢复、整修和扩建了大量抗旱灌溉工程。干旱严重的北方17省（自治区）大力开展抗旱打井，共建成机电井220万眼，发展井灌面积1.1亿亩。

20世纪90年代以后，为应对水资源紧缺形势，各地积极开展了节水抗旱工作。北方地区大力推行旱作农业，东北推广了抗旱坐水种，西北、华北等地区实施集雨节灌工程，西南地区开展田头水柜工程建设等，有效地提高了旱灾防御能力。

1998年以来，国家对255个大型灌区进行配套与节水改造，新增、恢复和改善灌溉面积5800万亩，新增节水能力70亿米^3；建成各类农村饮水工程80多万处，解决了6000多万农村人口饮水困难。

截至2020年，全国共建成水库98566座，总库容为9306亿米^3，其中大型水库774座、中型水库4098座、小型水库9.37万座；建成机电井517.3万眼。全国耕地灌溉面积7568.7万公顷，占全国耕地面积的51.3%。万亩以上灌区7713处，有效灌溉面积3363.8万公顷。全国工程节水灌溉面积达到3779.6万公顷，灌溉面积的节水灌溉覆盖率为53.96%。2020年，在地表水源供水量中，蓄水工程供水量占32.9%，引水工程供水量占31.3%，提水工程供水量占31.0%，水资源一级区间调水量占4.8%。

经过几十年的建设和努力，我国的旱灾防御能力有很大提高，大部分地区已具备抗御中等干旱的

小贴士

坐水种和田头水柜

坐水种是指干旱缺水地区，在播种同时进行局部灌溉的一种方法。坐水种是一种耕作栽培模式，又称抗旱点种。即在埯中（播种的土坑）先注水后播种，使作物种子恰好坐落在灌溉水湿润过的土之上，然后覆土，这种栽培模式称为坐水种。

田头水柜即在山脚下的旱地旁，用砂石、水泥建造容量在数十至上千米^{3}不等的蓄水池，通过田头水柜收集雨水，为果园、田地、桑树地、沼气池、草地、人畜饮水、加工用水提供充足水源，水柜内还可以直接养鱼。

能力，即遇中等干旱年份，工农业生产和生态不受大的影响，可以基本保证城乡供水安全。

一、蓄水工程

常见的蓄水工程按蓄水量从大到小分别有水库、塘坝和水窖。在利用河川或山丘区径流作灌溉水源时，壅高水位，可在适当地段筑拦河坝以构成水库；还可修筑塘坝等拦截地面径流；也可修建水窖集雨蓄水。通过建设蓄水工程，可以达到调节径流、以丰补歉、发展灌溉、增加供水等目的，从而提高抗旱减灾能力。

1. 水库

水库通常在山谷或河道的狭口处筑坝，截住河流水流，把坝上游集水面积的雨水或地表水拦蓄起来，供灌溉、养殖、发电用水以及拦洪削峰等。水库的兴利作用就是进行径流调节，蓄洪补枯，使天然来水能在时间上和空间上较好地满足用水部门的要求。水库在发展灌溉、抗御水旱灾害、保证农业稳产高产、保障人民生命财产安全、提供城乡用水、发展农村经济等方面发挥了重要作用，取得了显著的经济效益和社会效益。

> **小贴士**
>
> **水库的规模怎么分**
>
> 按水库库容的不同，水库可分为大型水库（总库容为1亿米^{3}以上）、中型水库（总库容为0.1亿～1亿米^3、）小型水库（总库容为10万～1000万米^3）。其中，小型水库又可分为小（1）型水库和小（2）型水库，总库容分别为100万～1000万米^{3}和10万～100万米^3。

2. 塘坝

塘坝是指拦截和贮存当地地表径流的蓄水量不足10万米^{3}的蓄水设施，是广大农村尤其是丘陵地区灌溉、解决人畜用水等的重要水利设施。根据蓄水量的大小不同，塘坝可分为大塘和小塘。大塘，又叫当家塘，蓄水量超过1万米^3，与小塘相比，其灌溉面积大，调蓄能力强，作用大，成效好。根据水源和运行方式的不同，塘坝又可分为孤立塘坝和反调节塘坝两类。孤立塘坝的水源主要是拦蓄自身集水面积内的当地径流，独立运行（包括联塘运行），自成灌溉体系；反调节塘坝除拦蓄当地径流外，还依靠渠道引外水补给渠水灌塘、塘水灌田，渠、塘联合运行，“长藤结瓜”，起反调节作用。

小贴士

农村人口饮水脱贫攻坚

党的十八大以来，水利部锚定全面解决农村饮水安全问题这一打赢脱贫攻坚战的重要指标，许多贫困地区的农牧民群众生活都实现了从水桶到水管的进步。截至2022年，累计完成了农村供水工程投资4667亿元，解决了2.8亿农村居民的饮水安全问题，巩固提升了3.4亿农村人口的供水保障水平，农村自来水普及率达到了84%，比2012年提高了19个百分点。

3. 水窖

水窖是雨水集蓄利用的主要形式之一，又称为旱井。修建水窖的主要目的是解决人畜饮用水困难、发展农业灌溉等。

按其用途的不同，可分为人畜饮水水窖和灌溉水窖。前者多建于家庭和场院附近，主要是为了取水方便，建筑材料一般就地取材，水窖容积相对较小，提水设备以人力为主（手压泵）；用于灌溉的水窖多建于田边地头，容积相对较大，提水设备包括动力（微型电泵）和人力。

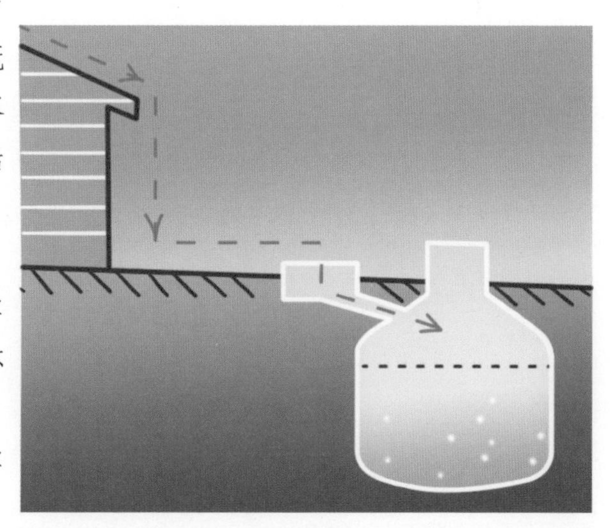

▲ 水窖的蓄水过程

水窖可分为球形水窖、瓶形水窖、圆柱形水窖、窑式水窖、盖碗式水窖和茶杯式水窖等，其中球形水窖、瓶形水窖、圆柱形水窖和窑形水窖最为常见。球形水窖，窖容大多在20～30米^3，多采用混凝土修筑而成；瓶形水窖，窖容大多为20～50米^3，可用混凝土、砖砌、胶泥、塑膜等材料修成；圆柱形水窖，窖容多在50米^{3}左右，蓄水量较大，多用混凝土现浇和砖砌修建而成；窑式水窖，窖容一般在50～100米^3，其断面呈长方形，多用于经济效益高的果园或经济作物。

二、引水工程

引水工程是指从河道等地表水体自流引水的工程（不包括从蓄水、提水工程中引水的工程）。

根据河流水量、水位和灌区高程的不同，可分为无坝引水和有坝引水两类。当灌区附近河流水位、流量均能满足灌溉要求时，即可选择适宜的位置作为取水口修建进水闸引水自流灌溉，形成无坝引水，主要用于防沙要求不高、水源水位能满足要求的情况。当河流水源较丰富，但水位较低时，可在河道上修建壅水建筑物（坝或闸）抬高水位，自流引水灌溉，形成有坝引水。

三、提水工程

提水工程指从河道、湖泊等地表水或从地下提水的工程（不包括从蓄水、引水工程中提水的工程）。

1. 泵站

泵站是指利用机电提水设备将水从低处提升到高处或输送到远处进行农田灌溉与排水的工程设施。新中国成立以来，全国兴建了一大批机电排灌泵站。在大江大河下游（如长江、珠江、海河、辽河等三角洲）以及大湖泊周边的河网圩区，地势平坦，低洼易涝，河网密布，主要发展了低扬程、大流量，以排涝为主、灌排结合的泵站工程；在以黄河流域为代表的多泥沙河流，主要发展了以灌溉供水为主的高扬程、多级接力提水泵站；在丘陵山区，蓄、引、提相结合，合理设置泵站，与水库、渠道贯通，以泵站提水解决了地形高低变化复杂、地块分布零散的问题。

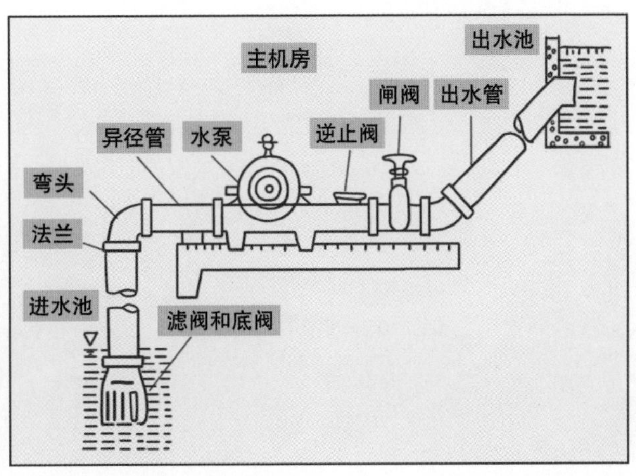

▲ 泵站组成示意图

2. 机电井

机电井就是以电机为动力，带动离心泵或轴流泵，将地下水提取到地面或指定地方的一套设施。机电井的作用：一是发展了农业灌溉，促进了农业高产稳产；二是改善和开辟了缺水草场，发展了牧区水利；三是解决了部分地区人畜饮水困难。

四、调水工程

调水是指将水资源从一个地方（多为水资源量较丰富的地区）向另一个地方（多为水资源量相对较少或水量紧缺的地区）调动，以满足区域或流域经济、社会、环境等的持续发展，解决由于区域内水量分配不均或其他原因引起的非人力因素无法解决的区域局部缺水问题及由于缺水而引发的其他方面的问题。调水工程，是指为了从某一个或若干个水源取水并沿着河槽、渠道、隧

小贴士

机电井的分类

机电井按井的深度，分为浅井、中井和深井。平原地区，井深小于50米为浅井，50～150米为中井，大于150米为深井；山区岩石井，井深小于70米为浅井，大于70米为深井。

按井的口径，分为筒井和管井。筒井口径一般在0.5米以上，深度较小，包括土井、砖井及大口井等；管井主体部分的口径一般小于0.5米，通常较深。

▲ 引黄济青工程

洞或管道等方式将水输送给用水户而兴建的工程。调水工程是一种工程技术手段，它可以解决水资源与土地、劳动力等资源空间配置不匹配的问题，实现水与各种资源之间的最佳配置，从而有效促进各种资源的开发利用，支撑经济发展。

根据水文地理标准（河系之间的水流再分配性质），可将调水工程分成局域（地区）调水工程、流域内调水工程和跨流域调水工程三类。根据兴利调水的主要目标，可将跨流域调水工程分为五类：第一类是以航运为主的跨流域通水工程，如京杭大运河；第二类是以灌溉为主的跨流域灌溉工程，如甘肃省引大入秦工程等；第三类是以供水为主的跨流域供水工程，如广东省的东深供水工程、河北省的引滦济津工程和山东省引黄济青工程等；第四类是以水电开发为主的跨流域水电开发工程，如云南省的以礼河梯级水电站开发工程等；第五类是跨流域综合开发利用工程，如美国中央河谷工程和加州水利工程等。

五、应急备用水源工程

每当发生严重旱情的时候，广大农村地区都会出现群众生活用水短缺，需要动用大量人力、物力给群众拉水、送水或者实施跨流域调水，这些应急措施不但投入大、成本高，而且难以满足广大群众的用水需要。另外，一些城市的供水水源单一，缺少应有的备用水源，难以应对特大干旱、咸潮、水污染等引发的供水危机。解决群众因旱饮水困难是我国全面建设小康社会的一个重大问题，历来受到党中央、国务院的高度重视和社会各界的广泛关注。因此，应急备用水源工程建设是今后一个时期抗旱工作的首要任务。抗旱应急水源工程是在充分拓展和挖掘现有水利工程的抗旱能力基础上，规划建设规模合理、标准适度的新工程。应急水源工程与常规供水水源工程共同组成供水保障体系，除了需要考虑应对特大干旱灾害外，还常常需要考虑应对水污染事件、工程破坏等突发供水危机事件。

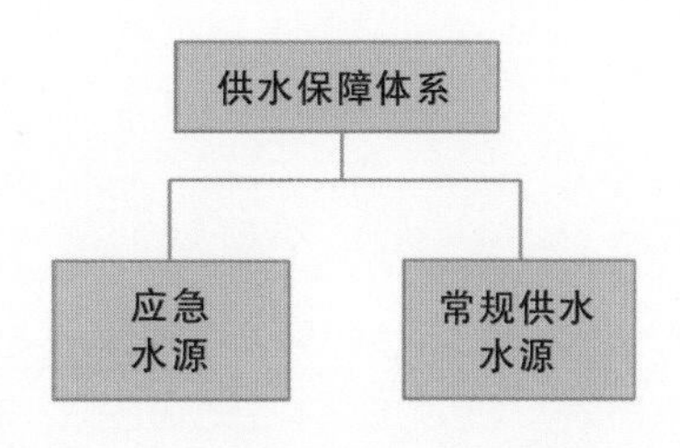

▲ 供水保障体系组成

我国许多城市都非常重视应急水源工程建设。北京市目前已建成日供33万米^{3}的怀柔应急备用水源。天津市建成蓟县等应急地下水源，目前已投入使用。大连市实施了引碧入连、引英入连应急供水工程。长春市完成了引松入长一期、二期工程，城市供水能力大大提高。哈尔滨市建成松花江应急供水工程，从松花江取水的最低水位降低了1米。舟山市建成海底大陆引水工程，从大陆向海岛日引水8.6万米^3。2001年国家安排国债资金12.4亿元，支持北方10省（自治区、直辖市）的16个城市开展应急水源工程建设，这些应急工程在确保城市供水安全中发挥了巨大作用。

知识拓展

农村应急备用水源

农村人（畜）饮备用水源工程建设规模一般按照干旱情形下，以持续3个月保证工程覆盖范围内农村人饮20～30升/（人·天）为标准，畜牧业生产基地按保障牲畜最低饮水为标准确定。抗旱水源工程建设内容主要为新建机井、小型引提水工程、蓄水池（塘坝）、小水井、水窖（柜）和小微型工程清淤改造等。

乡镇应急备用水源

乡镇应急备用水源工程规模一般按照以下标准确定:

（1）人饮按日供水能力不低于日正常供水能力的20%～30%或者按保证居民30～40升/（人·天）确定，重点部门、单位和企业按基本用水需求确定，供水持续时间按最不利干旱持续2～4个月考虑。

（2）农业灌溉以保障作物播种期和生长关键期最基本用水为标准，一般最低控制在20～40米^3/亩。

（3）生态抗旱需水按保证发生中度干旱时国家级重要自然生态保护区的核心区最基本生态用水确定。

乡镇抗旱应急水源工程主要建设内容包括：对已有水源工程的维修改造及连通联调，特别是水库与水库连通、河湖连通、水系联网、地表水与地下水联调；新建机电井、小型水库等抗旱应急水源工程；针对沿海城镇、海岛、矿区和水资源严重短缺地区，建设非常规水源应急工程。

六、节水灌溉工程

节水灌溉是根据作物需水规律及当地供水条件，高效利用降水和灌溉水的方式。节水灌溉不是简单地减少灌溉用水量或限制灌溉用水，而是更科学地用水，在时间和空间上合理分配和使用水资源。

20世纪80年代，随着经济社会的发展，城乡争水、工农业争水矛盾日益突出，农业对于旱缺水的敏感程度增大，受旱面积增加。在经济发达地区，传统农业向现代农业转变的进程加快，对灌溉提出了新的、更高的要求，开始用灌溉经济学和系统工程学的原理评价灌溉行为，即不但要取得最优的灌溉效果，同时要具有更高的灌溉效率。国外称之为“高效用水”，我国称之为“节水灌溉”。

我国节水灌溉主要有以下几种类型：

（1）渠道防渗。为了减少输水渠道渠床的透水性或建立不易透水的防护层而采取的技术措施，其主要作用是减少渠道渗漏损失，节省灌溉用水量；提高渠床的抗冲能力，增加渠床的稳定性；减小渠床糙率系数，加大渠道流速，提高渠道输水能力；此外还可减少渠道渗漏对地下水的补给，有利于控制地下水位和防治土壤盐碱化。

（2）低压管灌。即低压管输水灌溉，其管道系统的工作压力一般不超过0.2兆帕，是以低压管道代替明渠输水灌溉的一种工程形式。采用低压管道输水，可以大大减少输水过程中的渗漏和

▲ 渠道防渗

蒸发损失，使输水效率达95%以上。

▲ 喷灌

（3）喷灌。利用水泵加压或自然落差将水通过压力管道输送到田间，再经喷头喷射到空中后形成细小的水滴（近似于天然降水洒落在农田），从而灌溉农田的一种先进的灌水方法。与传统的地面灌水方法相比，喷灌用水量相对省水，其灌水均匀度可达80%～90%，水的利用率可达60%～85%；作物可增产10%～20%。

▲ 微灌

（4）微灌。是指按照作物生长所需的水分和养分，利用专门设备或自然水头加压，通过系统末级毛管上的孔口或灌水器，将有压水流变成细小的水流或水滴，直接送到作物根区附近，并均匀、适量地施于作物根层所在的部分土壤。因其只湿润主根层所在的耕层土壤，所以微灌又称为“局部灌水方法”。微灌技术是当前世界上诸多节水灌溉技术中省水率最高的一种先进节水灌溉技术。

七、海水淡化

全球水的总储量为13.83亿千米^3，海水约占97.47%，淡水仅占2.53%。在我国，大陆海岸线长达18000多千米，沿海遍布城市、港口和岛屿，有利用海水的较好条件，但目前我国的海水利用量还很小，随着可利用淡水资源的日益紧缺，如何有效

▲ 浙江嵊山海水淡化厂

利用海水资源开辟新水源将具有非常大的潜力。

海水淡化，是指将含盐量为3500毫克/升的海水淡化至500毫克/升以下的饮用水。我国研究海水淡化技术起始于1958年，起步技术为电渗析；1965年开始研究反渗透技术；1975年在天津和大连分别开始研究大中型蒸馏技术。经过几十年的发展，我国已经成为世界上少数几个掌握海水淡化先进技术的国家之一。

海水淡化工程的不断壮大，将对缓解我国一些沿海城市的干旱缺水现状发挥重要的作用。2003年，浙江省舟山市遭遇了50年一遇的严重干旱灾害，出现了夏、秋、冬连旱。位于舟山群岛北部沿海的嵊泗列岛，由于陆地面积小，淡水资源贫乏，蓄供水工程少，缺水更为严重。为增加供水水源，确保群众生活用水供给，嵊泗县及时启用已建成的嵊山海水淡化厂和泗礁海水淡化厂，增加应急抗旱供水水源。海水淡化设施的启用，不仅有效减少了因旱从大陆运水的量，节省了抗旱支出，而且为确保旱期应急供水、维护经济社会稳定发挥了巨大作用。

知识拓展

海水淡化的方法

根据海水分离过程，海水淡化的方法主要包括蒸馏法、膜法、冷冻法和溶剂萃取法等。

（1）蒸馏法。指将海水加热蒸发，再使蒸汽冷凝得到淡水的过程。蒸馏法有很多种，如多效蒸发、多级闪蒸、压气蒸馏、膜蒸馏等。

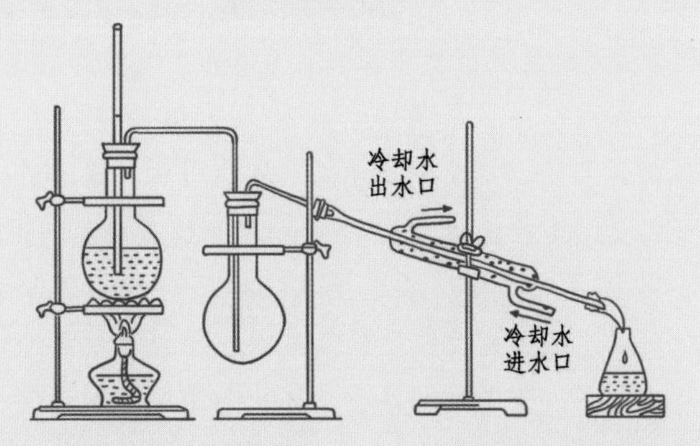

▲ 蒸馏法海水淡化原理

（2）膜法。此方法是以外界能量或化学势差为推动力，利用天然或人工合成的高分子薄膜将海水溶液中盐分和水分离的方法，由推动力的来源可分为电渗析法、反渗透法等。

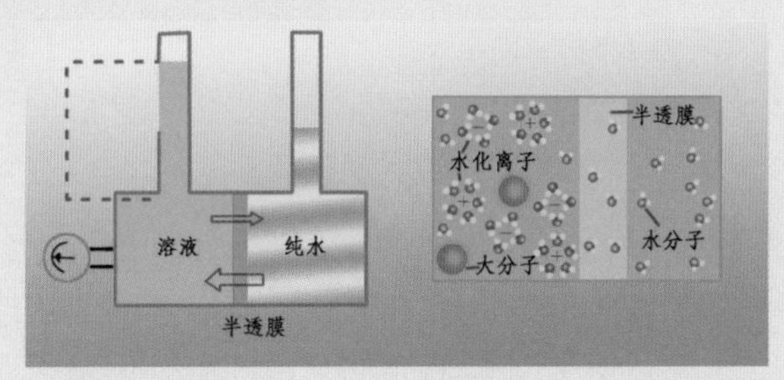

▲ 膜法海水淡化原理

（3）冷冻法。将海水冷却结晶，再使不含盐的碎冰晶体分离出并融化得到淡水的过程。

（4）溶剂萃取法。利用一种只溶解水而不溶解盐的溶剂从海水中把水溶解出来，然后把水和溶剂分开，从而得到淡水。

八、再生利用水

再生水利用是指将废水或污水经二级处理和深度处理后回用于生产系统或生活杂用的过程。我国城市污水处理与再生回用研究始于20世纪八九十年代，20世纪90年代初，在北方缺水的大城市如青岛、大连、太原、北京、西安等相继展开试验。90年代中期之后，经历了从点源治理到面源控制、从局部回用到整体规划的发展历程，逐渐形成了系统的思路。进入21世纪以来，面临水危机日趋严峻的国情，关于水环境恢复理论、污水资源化方向的研究正蓬勃兴起。

1990年，我国的第一个污水回用示范工程——大连市春柳河水质净化厂成功运行。它的工程基建投资为350万元，当时污水处理成本为0.15元/吨，比当时该市的自来水成本低80%。该工程以厌氧——好氧活性污泥法进行二级处理，以水力澄清池和普通快滤池进行深度净化使城市污水再生，再生水用于工厂冷却水、市政绿化、

▲ 大连春柳河水质净化厂

冲厕等，开发了城市第二水源。多年来，北京、天津、太原、青岛、西安等缺水城市已先后建立一系列污水回用工程。

污水回用作为第二水源，可减轻江河、湖泊污染，保护水资源不受破坏，减少用水费用及污水净化费用，在旱情紧急时可作为应急水源加以利用，促进经济和生态环境尽可能协调发展，对解决水污染和水资源短缺都具有非常重大的意义。

目前，常用的污水回用技术包括传统处理（混凝—沉淀—常规过滤）、生物过滤、活性炭吸附、消毒、生物脱氮除磷、膜分离等，可选用一种或几种组合。

◎ 第二节 非工程防御措施

非工程防御措施是指通过政策、法规、行政、管理、经济、科技等工程措施以外的手段，来减少干旱灾害损失的措施。非工程措施一般包括抗旱法规和制度、抗旱规划、抗旱预案、抗旱信息管理、抗旱物资储备、抗旱服务组织、抗旱水量调度以及农业抗旱节水技术等。

现代防灾减灾体系由工程和非工程防御措施组成，两者相辅相成，缺一不可。其中非工程防御措施是全社会各方面抗旱资源整合高效利用的基础，是实现科学抗旱、精准抗旱的重要支撑。

一、《中华人民共和国抗旱条例》

▲《中华人民共和国抗旱条例》学习材料

《中华人民共和国抗旱条例》（以下简称《抗旱条例》），于2009年2月11日国务院第49次常务会议审议通过，并于2009年2月26日以国务院第552号令正式颁布实施。

水利部自2002年开始组织《抗旱条例》起草工作，在深入调研基础上，对全国各省的抗旱经验进行总结和分析，同时还参考了美国、澳大利亚等国家的抗旱法规，并通过召开咨询会、研讨会以及书面征求意见等形式，对《抗旱条例》反复研究修改并提出了《抗旱条例（送审稿）》，于2006年11月报请国务院审议。国务院法制办收到此件后，先后两次征求了有关部门和全国31个省（自治区、直辖市）人民政府的意见，到山西和陕西等地深入基层进行实地调研考察，还专门召开专家论证会对有关制度进行论证。根据各方面的意见，法制办会同水利部等有关部门经反复研究、论证、协调、修改，形成了《抗旱条例（草案）》，于2008年报请国务院常务会议讨论。2009年2月11日，国务院常务会议讨论并原则通过了《抗旱条例》。

《抗旱条例》是我国第一部规范抗旱工作的法规，填补了我国抗旱立法的空白，标志着我国抗旱工作进入有法可依的新阶段，是抗旱工作的一个重要里程碑。出台《抗旱条例》对于规范抗旱工作，促进我国经济社会的全面协调可持续的发展，建立社会主义法治国家都具有重要意义。

《抗旱条例》涵盖内容丰富，包括条例的适用范围、抗旱工作的基本原则、抗旱工作的职责、抗旱规划的编制与实施、抗旱预案的编制与实施、抗旱信息的建设与管理、紧急抗旱期的管理、抗旱的保障措施、抗旱的法律责任等多方面内容。

二、《全国抗旱规划》

2011年11月，国务院常务会议审议通过并正式批复了《全国抗旱规划》，这是新中国成立以来我国编制的第一个关于抗旱减灾工作的专项规划，是一个时期推进全国抗旱减灾工作的重要战略性、基础性与指导性文件。

《全国抗旱规划》系统揭示了我国干旱灾害及其演变的趋势和规律，提出了我国不同程度的受旱县分类体系及其区域分布情况，在抗旱减灾体系构建、抗旱规划总体目标、抗旱应急水源工程类型等方面起到了指导作用，形成了完整的抗旱规划编制理论和技术体系，直接面向决策与管理，提出了抗旱减灾各阶段的目标与战略任务。《全国抗旱规划》的颁布实施对提高全国抗旱减灾水平、有效减轻干旱灾害损失、促进经济社会又好又快发展发挥了重要的作用。

国务院关于全国抗旱规划的批复

国函〔2011〕141号

各省、自治区、直辖市人民政府，发展改革委、财政部、水利部：

水利部《关于审批全国抗旱规划的请示》（水规计〔2011〕299号）收悉。现批复如下：

一、原则同意《全国抗旱规划》（以下简称《规划》）。各地区、各有关部门要认真组织好《规划》实施工作，深入贯彻《中共中央 国务院关于加快水利改革发展的决定》（中发〔2011〕1号）和中央水利工作会议精神，坚持科学调度管理水资源、加强抗旱工程建设、推行节约用水的生产生活方式三者并举，统筹安排，加快构建与经济社会发展相适应的抗旱减灾体系，形成抗旱减灾长效机制，全面提升我国抗旱减灾的整体能力和综合管理水平，保障城乡居民生活用水安全和经济社会可持续发展。

二、各省（区、市）人民政府要切实加强《规划》实施工作的组织领导，将本规划内容纳入地方经济社会发展规划，结合当地实际制定实施方案，逐级落实工作目标和任务。要加大对抗旱减灾工作的投入，按照以地方自筹为主、中央投资为辅的原则，多渠道、多元化筹措资金。要提高全民节水意识，加快转变经济发展方式，大力推进农业节水，努力减少水资源消耗，加大防治水污染工作力度。对《规划》中涉及的建设项目，要认真做好前期工作，合理确定建设规模和投资，并按程序报批后实施。

三、国务院有关部门要根据职能分工，加强对《规划》的指导、支持和协调，共同落实《规划》任务，着力推动水利工程体系抗旱能力建设、抗旱应急备用水源工程体系建设、旱情监测预警和抗旱指挥调度系统建设以及抗旱管理服务体系建设等项目的实施。中央财政要根据抗旱工作需要，安排资金支持《规划》的实施。要充分发挥国家防汛抗旱总指挥部的协调作用，及时研究解决《规划》实施过程中出现的问题。水利部要会同有关部门加强对《规划》完成情况的检查、评估和考核，总体实施情况向国务院报告。

国 务 院

二〇一一年十一月十四日

▲ 国务院关于《全国抗旱规划》批复的文件

该规划第一次系统揭示了我国干旱灾害及其演

变的趋势和规律，总结了对我国抗旱减灾情势的许多新事实和新认识，首次提出了我国不同程度的受旱县分类体系及其区域分布情况，首次在全国范围内揭示了以县级行政区为单元的我国区域干旱的季节分布特点和规律。

2011年11月2日，国务院常务会议讨论通过了《全国抗旱规划》。为进一步推进其实施，水利部又于2014年印发《全国抗旱规划实施方案（2014—2016年）》，各地积极响应，相关项目如火如荼开展。经过有关各方共同努力，全国抗旱规划项目建设进展总体顺利。截至2016年2月底，全国建成抗旱应急备用井2396眼、引调提水工程1655处，在干旱年份可提供水量7.5亿米^3，保障2505万人、1104万亩基本口粮田的抗旱用水需求。已建工程在应对2015年干旱灾害时发挥了显著效益，得到了地方政府和人民群众的好评。

三、抗旱预案

抗旱预案是指在现有抗旱条件下，预先制定的抗御不同等级干旱的行动方案或计划。抗旱预案是各级防汛抗旱指挥机构实施指挥决策的依据，是突发公共事件预案体系的重要组成部分，是推动抗旱工作规范化和制度化的重要内容。

作为国家突发事件应急机制的重要组成部分，2005年，国务院颁布了《国家防汛抗旱应急预案》，正式开启了各级抗旱应急预案编制工作。2006年国家防汛抗旱总指挥部办公室正式下发了《抗旱预案编制大纲》（办旱〔2006〕6号），首次确定了抗旱预案的分类、干旱预警指标及等级划分标准、应急响应措施等方面的技术要求，确定了抗旱预案的内容和格式。2013年水利部颁布了《抗旱预案编制导则》（SL 590—2013），用以指导和规范各级抗旱预案编制工作，提高抗旱减灾管理工作科学化和规范化的进程。

依据《抗旱预案编制导则》（SL 590—2013）的规定，抗旱预案分为总体抗旱预案和专项抗旱预案。抗旱预案的主要内容包括总则、基本情况、组织指挥体系及职责、监测预防、预警、应急响应、后期处置、保障措施、宣传培训与演练等。

知识拓展

总体抗旱预案

总体抗旱预案用于指导区域内抗旱工作，涵盖城乡生活、生产和生态等方面，包括行政区总体抗旱预案和流域总体抗旱预案。行政区总体抗旱预案用于指导本行政区范围内发生不同等级干旱情况下的抗旱工作，按省级、地市级、县级、乡镇级四个层次编制。流域总体抗旱预案用于指导本流域范围内发生不同等级干旱情况下的抗旱工作，重点是组织和协调不同省（自治区、直辖市）之间的抗旱工作、流域水量调配以及旱情紧急情况下的水量应急调度。

专项抗旱预案

专项抗旱预案包括城市、生态、行业（部门）、重点工程专项抗旱预案以及抗旱应急水量调度预案等。

（1）城市专项抗旱预案用于指导城市城区范围内的抗旱工作，重点解决城市发生不同等级干旱缺水情况时的供水保障问题。

（2）生态专项抗旱预案用于指导重要水域生态区（主要是河流、湖泊、湿地、沼泽等）发生干旱情况下应急补水等抗旱工作，以减轻干旱对水生态环境的破坏或影响。

（3）行业（部门）专项抗旱预案用于指导发生干旱情况下本行业（部门）参与抗旱和减轻本行业干旱影响和损失等方面的工作。

（4）重点工程专项抗旱预案用于指导承担供水和灌溉任务的重点水利水电工程（如水库、水电站、泵站、闸坝、灌区、引调水工程等）在发生干旱情况下或突发水源事件时的调度运用等工作。

（5）抗旱应急水量调度预案用于指导在旱情紧急情况下，为了满足水源短缺地区城乡生活、生产和生态用水基本需求，而紧急实施的跨流域、同一流域内跨省（自治区、直辖市）和省级及以下跨区域抗旱应急水量调度等工作。

◎ 第三节 应急措施

干旱灾害的形成有一个过程，在时间上，可以分成灾前、灾中和灾后。针对一次干旱灾害事件的不同阶段，采取的应急措施也是不同的，通常需要做好灾前准备、灾中应对、灾后恢复三个环节。

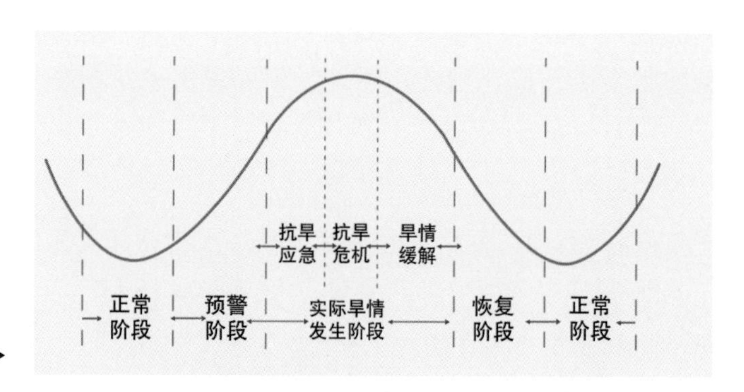

应急抗旱过程 ▶

一、灾前要做什么

1. 旱情监测评估

旱情信息监测是为了及时掌握水雨情变化、当地蓄水情况、农田土壤墒情和城乡供水情况。旱情信息主要包括雨情、水情、土壤墒情、干旱发生的时间、地点、程度、受旱范围、影响人口以及对城乡生活、工农业生产、生态环境等方面造成的影响，其中雨情、水情和土壤墒情由水文部门监测，其他旱情信息由地方防汛抗旱指挥部办公室及相关成员单位进行监测。

监测手段和信息可分为地面站点监测和遥感监测两个方面。

（1）地面站点监测。通过地面固定或移动监测站，对与干旱有关的信息进行监测，获得降水、气温等气象信息，河流水库湖泊的水位和蓄水量、地下水水位和可利用水量等水文信息，农田耕作层不同深度的土壤含水量等土壤墒情信息，江河、水库、湖泊、湿地等的水质信息，农作物生长状况、病虫害等农情信息。

▲ 灾前旱情地面站点监测

（2）遥感监测。通过卫星遥感数据，对土壤墒情、植被长势、地表温度等与干旱有关的信息进行监测。

监测对象分为农村、城市和生态，其中农村又包括农业、牧业和因旱人畜饮水困难。

旱情监测评估通常采用气象指标、水文指标和遥感指标。不同类型的指标只能反映干旱某一方面的属性。一般采用多个指标进行旱情综合监测评估，全面掌握旱情影响范围和影响程度。

2. 准备措施

干旱灾害的预防准备措施主要包括以下内容：

▲ 旱前相关部门加强水质检测

（1）思想准备。通过加强宣传等方式，增强全民预防干旱灾害和自我保护的意识，做好抗大旱、长期抗旱的思想准备。

（2）组织准备。包括建立健全防汛抗旱组织指挥机构、落实防

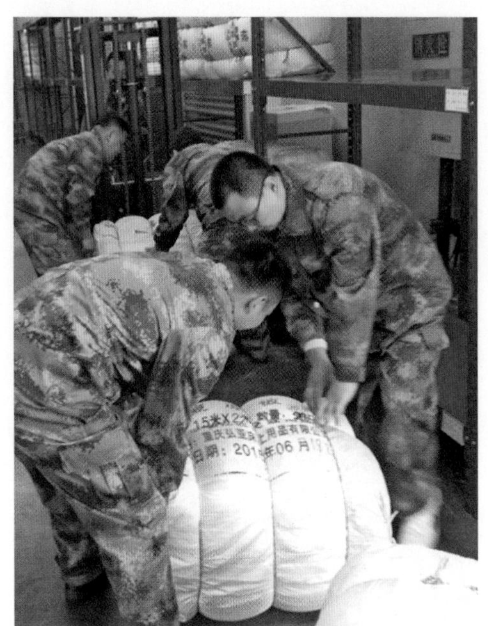

▲ 工作人员做好防汛抗旱物资准备（綦江区应急管理局供图）

汛抗旱责任人和防汛抗旱队伍、旱灾易发区域的监测网络及预警措施、加强抗旱服务组织的建设等。

（3）工程及设施准备。包括按时完成各类水源工程建设和修复任务、对实施抗旱应急水量调度的相关工程及抗旱设施进行检查和维修等。

（4）预案及措施准备。包括修订完善各级各类抗旱预案、有需求和有条件的地区研究制定旱情紧急情况下的水量调度预案、制定蓄水保水和节水限水方案等。

（5）抗旱物资准备。可按照分级负责的原则，合理储备必需的抗旱物资，合理配置，以应急需。

（6）通信准备。健全水文、气象测报站网，充分利用防汛通信专网和社会通信公网，确保雨情、水情、工情、灾情信息和指挥调度指令的及时传递。

（7）抗旱检查准备。可实行以查组织、查工程、查预案、查物资、查通信为主要内容的分级检查制度，发现薄弱环节，应明确责任、限时整改。

3. 发布干旱预警

（1）各级防汛抗旱指挥机构应针对干旱灾害的成因、特点，因地制宜采取预警防范措施。

（2）各级防汛抗旱指挥机构应建立健全旱情监测网络和干旱灾害统计队伍，随时掌握实时旱情灾情，并预测干旱发展趋势，根据不同干旱等级，提出相应对策，为抗旱指挥决策提供科学依据。

（3）各级防汛抗旱指挥机构应当加强抗旱服务网络建设，鼓励和支持社会力量开展多种形式的社会化服务组织建设，以防范干旱灾害的发生和蔓延。

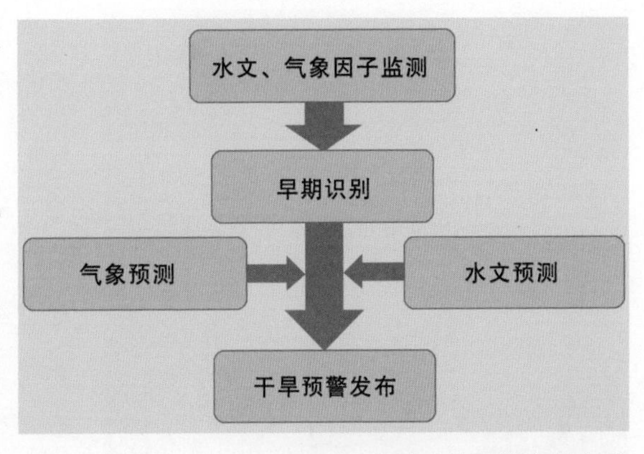

▲ 灾前干旱预警发布流程

4. 居民做什么

由于干旱的频发，水资源十分宝贵，即使在非干旱期间，非干旱地区，居民在日常生活生产中，也应该时刻注意节约用水。

在生活中，居民应多关注气象、干旱、水资源等信息，积极参与各种相关宣传活动，增强自身的干旱灾害防御及节水意识。生活中尽量选择节水器具，在生活用水过程中注意节约用水和水资源的重复利用。在生产中，农业应积极选用节水品种，采用节水种植技术和设备，提高生产工艺和工业用水利用效率。

还要重点关注气象预报和农情，视具体情况做好干旱灾害预防、自救准备。

二、灾中怎么办

1. 启动应急响应

按干旱灾害的严重程度和范围，将抗旱应急响应行动分为四级。分别为Ⅰ级响应、Ⅱ级响应、Ⅲ级响应和Ⅳ级响应。各地区应在本行政区总体抗旱预案中规定应急响应启动条件及响应措施等内容。

▲ 旱灾时开展应急打井

抗旱应急响应启动一般按照从低到高的等级逐级启动，但在某些特殊情况下，可直接启动更高等级的应急响应。

省级应急响应行动措施应强化组织、协调和指导等方面内容；地级应突出上下级沟通、协调、组织和指导等方面内容；县级重点是明确抗旱水量调度、抗旱设施运行、应急开源、节约用水和抗旱队伍组织等具体措施。

2. 响应措施

《抗旱条例》中规定了发生不同程度干旱时，地方政府和防汛抗旱部门需要采取的措施。

发生轻度干旱和中度干旱，县级以上地方人民政府防汛抗旱指挥机构应当按照抗旱预案的规定，采取下列措施：

（1）启用应急备用水源或者应急打井、挖泉。

（2）设置临时抽水泵站，开挖输水渠道或者临时在江河沟渠内截水。

（3）使用再生水、微咸水、海水等非常规水源，组织实施人工增雨。

（4）组织向人畜饮水困难地区送水。

采取规定的措施，涉及其他行政区域的，应当报共同的上一级人民政府防汛抗旱指挥机构或者流域防汛抗旱指挥机构批准；涉及其他有关部门的，应当提前通知有关部门。旱情解除后，应当及时拆除临时取水和截水设施，并及时通报有关部门。

发生严重干旱和特大干旱，国家防汛抗旱总指挥部应当启动国家防汛抗旱预案，总指挥部各成员单位应当按照防汛抗旱预案的分工，做好相关工作。

严重干旱和特大干旱发生地的县级以上地方人民政府在防汛抗旱指挥机构采取轻中度干旱的响应措施外，还可以采取下列措施：

（1）压减供水指标。

（2）限制或者暂停高耗水行业用水。

（3）限制或者暂停排放工业污水。

（4）缩小农业供水范围或者减少农业供水量。

（5）限时或者限量供应城镇居民生活用水。

3. 抗旱工作人员职责

对于抗旱工作人员，应急工作主要包括启动预案、启动应急响应，根据预案采取不同级别的响应措施。

（1）工作会商。不同等级的干旱，其会商的主持人、参加人、会商方式和会商内容不同，一般随着干旱等级的提高，其重视程度逐级加强。

（2）工作部署。主要是布置抗旱工作开展的程序，包括组织动员方式（下发通知、召开专题会议）、动员对象、工作重点等，另外还要确定抗旱信息统计报送制度。

（3）部门联动。根据各成员单位职责和抗旱工作需要，对各部门、各单位在抗旱过程中都要提出明确具体的任务和工作要求。

▲ 防汛抗旱工作会议

（4）协调指导。在抗旱过程中，一般上级领导机关对基层抗旱工作要有明确具体的指导内容和任务；下级对上级领导机关要有明确的请示报告制度。

（5）方案启动。根据旱情，制定抗旱水量调度方案、节水限水方案以及各种抗旱设施，视旱情启动。

（6）宣传动员。在抗旱期间要加强宣传，动员全社会共同参与抗旱。

4. 应急水量调度

抗旱应急水量调度，是指在发生严重干旱缺水事件时，为保障受灾区生活、生产和生态基本用水需求，对区域内常规水资源进行合理调配，以增加特殊干旱情况下的供水量。抗旱应急水量调度包含两个层面的含义：一是对干旱受灾区的现有水源通过转换用水途径、利用水库死库容、截潜流、适当超采地下水和开采深层承压水等非常规措施，增加干旱情形下的可供水量；二是将隶属于不同流域、不同省级行政区（包含省级行政区内不同区域）范围内的水资源临时从相对丰沛区调入短缺区，以缓解干旱受灾区的基本用水需求。

▲ 甘肃定西市安定区政府在旱灾时组织送水

启动抗旱应急水量调度的事件类别主要包括发生严重以上干旱缺水、危及供水安全的事件以及其他适用于应急水量调度的情况。抗旱应急水量调度启动条件应根据事件的具体类型、影响范围、危害程度等综合因素确定。

当发生严重及以上干旱缺水或突发事件时，事发地及时收集、掌握并上报相关信息，判明事件的性质和危害程度。当出现需要启动应急水量调度的情况时，及时向上一级防汛抗旱指挥机构提出应急水量调度申请，由相应的防汛抗旱指挥机构按组织实施权限启动应急水量调度。

5. 人工增雨

通过人工增雨将云水资源转化为可供利用的水资源，不仅可养墒保墒，增加蓄水，还可补充地下水，实现主动抗旱，是一种缓解水资源供需紧张矛盾的有效途径，具有长远和现实意义。人工增雨通过一定的科技手段对局部大气中云的微物理过程施加人工催化影响，使之朝着人们希望的方向发展，达到趋利避害的目的。人工增雨是在了解云和自然降水形成的物理过程及其发生、发展规律的基础上，进行人工增雨催化作业，主要为冷云催化、暖云催化和动力催化三种。

▲ 开展人工增雨作业（引自《春城晚报》）

6. 居民做什么

《抗旱条例》中对单位及个人在抗旱减灾中的权利和义务进行了明确规定。

（1）保护抗旱设施和依法参加抗旱。

（2）单位和个人应当自觉节约用水，服从当

▲ 抗旱减灾活动

地人民政府发布的决定，配合落实人民政府采取的抗旱措施，积极参加抗旱减灾活动。

（3）在紧急抗旱期，所有单位和个人必须服从指挥，承担人民政府防汛抗旱指挥机构分配的抗旱工作任务。

（4）对在抗旱工作中做出突出贡献的单位和个人，可按国家有关规定给予表彰和奖励。

《抗旱条例》还对抗旱工作中的法律责任做出了具体规定。违反《抗旱条例》的行为包括：

（1）拒不承担抗旱救灾任务的，擅自向社会发布抗旱信息的。

（2）虚报、瞒报旱情、灾情的。

（3）拒不执行抗旱预案或在旱情紧急情况下、不执行水量调度预案以及应急水量调度实施方案的。

（4）旱情解除后，拒不拆除临时取水和截水设施的。

（5）滥用职权、徇私舞弊、玩忽职守的。

（6）截留、挤占、私分、挪用抗旱经费的。

（7）水库、水电站、拦河闸坝等工程的管理单位以及其他经营工程设施的经营者拒不服从统一调度和指挥的。

（8）侵占、破坏水源和抗旱设施的。

（9）抢水、非法引水、截水或者哄抢抗旱物资的。

（10）阻碍、威胁防汛抗旱指挥机构、水行政主管部门或者流域管理机构的工作人员依法执行职务等。

对上述违反《抗旱条例》的行为，根据不同情况分别作了规定，主要包括三个层次：一是由有关部门责令改正，予以警告；二是构成违反治安管理行为的，依照《中华人民共和国治安管理处罚法》的规定处罚；三是构成犯罪的，依法追究刑事责任。

三、灾后恢复很重要

1. 政府部门要做什么

旱情缓解后，各级人民政府、有关主管部门应当帮助受灾群众恢复生产和灾后自救。

县级以上人民政府水行政主管部门的灾后任务包括：

（1）对水利工程进行检查评估，并及时组织修复遭受干旱灾害损坏的水利工程；将遭受干旱灾害损坏的水利工程，优先列入年度修复建设计划。

（2）有关地方人民政府防汛抗旱指挥机构应当及时归还紧急抗旱期征用的物资、设备、交通运输工具等，并按照有关法律规定给予补偿。

（3）县级以上人民政府防汛抗旱指挥机构应当及时组织有关部门对干旱灾害影响、损失情况以及抗旱工作效果进行分析和评估；有关部门和单位应当予以配合，主动向本级人民政府防汛抗旱指挥机构报告相关情况，不得虚报、瞒报。

（4）县级以上人民政府防汛抗旱指挥机构委托具有灾害评估专业资质的单位进行灾后分析和评估。

2. 调水部门要做什么

实施应急调水缓解旱情的地区，在调水之后，要做出总结评估。

（1）效益评估。由于应急水量调度的性质和目标不同，调水所产生的效益也不同，在进行应急水量调度效益评估时，应重视社会效益和生态效益。

（2）影响评估。应急水量调度对水量调出区、通过区和调入区都会产生影响，在进行应急水量调度影响评估时，不仅要考虑对涉及区域的有利影响，也要关注不利影响，应注重综合评估，特别是对发电、灌溉、生态环境等产生的影响。

（3）后期处置。应急水量调度工作结束后，对于因应急水量调度修建和改造的临时工程实施拆除和恢复，对于其他相关工程进行必要的维修和养护；对于依照有关规定征用、调用的物资、设备、交通运输工具等，应及时归还；造成损坏或者无法归还的，按照有关规定给予适当补偿或作其他处理；事发地防汛抗旱指挥机构应协助当地政府进一步恢复正常生活、生产秩序，尽可能减少不利影响和损失。

▲ 生态应急调水统一调度后生机勃勃的“母亲河”黄河（引自水利部网站）

第八章 抗旱减灾大智慧

◎ 第一节 灌溉工程作用大

▲ 孙叔敖雕像

一、芍陂

芍陂（què bēi）是中国古代淮河流域水利工程，又称安丰塘，位于安徽寿县南，是我国最早的蓄水灌溉工程。芍陂是春秋时期楚庄王十六年至二十三年（公元前598年—公元前591年）由孙叔敖创建，迄今已有2600多年。芍陂引淠入白芍亭东成湖，东汉至唐可灌田万顷，工程因水流经过芍亭而得名。隋唐时属安丰县境，后萎废。1949年后经过整治，现蓄水约7300万米^3，灌溉面积4.2万公顷。

该工程位于大别山的北麓余脉，东、南、西三面地势较高，北面地势低洼，向淮河倾斜。每逢夏秋雨季，山洪暴发，形成涝灾；雨少时又常常出现旱灾。这里为楚国北疆的农业区，粮食生产的好坏，对当地的军需民用关系极大。孙叔敖根据当地的地形特点，组织当地人民修建工程，将东面的积石山、东南面龙池山和西面六安龙穴山流下来的溪水汇集于低洼的芍陂之中。修建五个水门，以石质闸门控制水量，“水涨则开门以疏之，水消则闭门以蓄之”，不仅在旱年有水灌田，又避免了雨水多时洪涝成灾，起到了调节水量的作用。后来又在西南开了一道子午渠，上通淠河，扩大芍陂的灌溉水源，使芍陂达到“灌田万顷”的规模。

芍陂建成后，使安丰一带每年都生产出大量的粮食，并很快成为楚国的经济要地。楚国更加强大起来，打败了当时实力雄厚的晋国军队，楚庄王也一跃成为“春秋五霸”之一。300多年后，楚考烈王二十二年（公元前241年），楚国被秦国打败，考烈王便把都城迁到这里，并把寿春改名为郢。这固然是出于军事上的需要，很大一部分原因也是由于水利奠定了这里的重要经济地位。

▲ 安丰塘（芍陂）（朱江 摄）

芍陂经过历代的整治，一直发挥着巨大效益。东晋时因灌区连年丰收，遂改名为“安丰塘”。如今芍陂已经成为淠史杭灌区的重要组成部分，灌溉面积达到4万公顷，并有防洪、除涝、水产、航运等综合效益。为感戴孙叔敖的恩德，后代在芍陂等地建祠立碑，称颂并纪念其历史功绩。1988年1月国务院确定安丰塘（芍陂）为全国重点文物保护单位。

2015年10月12日，在国际灌排委员会于法国蒙彼利埃召开的第66届国际执行理事会全体会议上，芍陂成功入选2015年的世界灌溉工程遗产名单。

二、都江堰

都江堰始建于秦昭王末年（约公元前256—前251年），由秦蜀守李冰主持兴建。晋代称都安大堰、湔堰，唐代又名楗尾堰，宋代始称都江堰。经历代不断完善，成为由鱼嘴（分水工程）、飞沙堰（溢流排沙工程）和宝瓶口（引水工程）三大主体工程

▲ 李冰画像

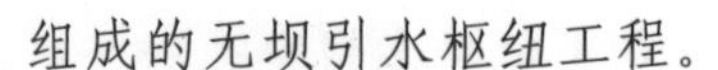

组成的无坝引水枢纽工程。

鱼嘴建在江心洲顶端，把岷江分为内江和外江。内江为引水总干渠，由飞沙渠、人字堤和宝瓶口控制泥沙及对水量进行再调节；外江为岷江正道，以行洪为主，也由小鱼嘴分水至沙黑供右岸灌区用水。由于三大主体工程的合理规划布局和精心设计施工，枢纽工程发挥了有效的引水、防沙和排洪等综合作用。在适宜河段的恰当位置修建鱼嘴，能使枯水时内江多引水，洪水时外江多泄洪排沙，在河流弯段末端建飞沙堰，利用了环流作用，江水超过堰顶时洪水中夹带的泥石便流入到外江，这样便不会淤塞内江和宝瓶口水道，以减免成都平原洪涝灾害。

（a）鱼嘴

（b）飞沙堰

（c）宝瓶口

▲ 都江堰水利工程三大主体工程

“深淘滩、低作偃”是都江堰水利工程的治水名言。“深淘滩”是指都江堰在每年岁修时，要淘除飞沙堰坝前堆积的砂石，以保证宝瓶口进水。“低作堰”是指每年整修飞沙堰，不宜把堰顶筑得太高，高则不利于泄洪排沙；过低，则宝瓶口进水不够。淘滩深度和飞沙堰顶高度作为控制内江泄洪、排沙、进水的两个关键性数据，一旦确定，绝不可轻易更改。现凤栖窝下埋设了四根卧铁，将其作为淘滩标准，分别为明万历年间、清同治三年（1864年）、民国十三年（1924年）和1994年所埋设，这一淘滩标准已被遵循了500多年，至今仍是岁修淘淤的重要参考。

▲ 都江堰渠首枢纽俯瞰

历朝对“六字诀”这一治水法则都极为尊崇。六字诀的最早形式是“深淘，浅包”，见于北魏《水经注·江水》，距今已有1600余年历史。在宋代演变为“深淘滩、低作堰”六字并基本定型，此后一直未变。历史上的重大洪水灾害都足以对都江堰水利工程产生重创，但其依托巧妙的山形地势并未有所损失，这就是都江堰每次历劫后可以迅速恢复工程基本布局的原因所在。历经两千多年的实践检验，“深淘滩，低作堰”证明确为治理都江堰的根本大法、不刊之典。

新中国成立后，国家对都江堰工程进行了较大改建，灌区有了大规模的发展。加固了鱼嘴、飞沙堰、宝瓶口三大工程，调整和改建了内外江几条大干渠的引水口，新建了外江闸、沙黑河闸和工业取水口，在老灌区修建了50余座重要分水枢纽，改造了3万多条旧渠道。都江堰灌区由1949年的19.2万公顷发展到1980年代的73.3万公顷，并在新灌区相应建造了黑龙滩、三岔、鲁班、继光等10座大中型水库，300余座小型水库，以及许多渠系建筑物中小型水电站和扬水站等。

◎ 第二节 引水工程别小瞧

红旗渠，位于河南安阳林州市，是20世纪60年代林县（今林州市）人民在极其艰难的条件下，从太行山腰修建的引漳入林工程。

新中国成立前，林县因山多地少，缺水、生产技术落后等因素的影响，导致各类严重的自然灾害屡见不鲜，是个难以“靠山吃山、靠水吃水”的贫困县。据史料记载，从1436年至1949年的514年间，林县境内发生较为严重的自然灾害超过100次，全县因干旱绝产现象发生30余次，且存在连续数年遭遇干旱的现象。由于严重的自然灾害而引发的“人吃人”现象也在史料上记载数次。

1959年，正处于1959—1961年连旱的开始年，林县境内也出现了史无前例的旱灾，境内4条主要河流全部断流，鱼虾绝代，只剩砂石，已投入使用的各处水利工程都无水可用，群众无水喝，耕地无水可灌溉，危机迫在眉睫。为解决这一系列问题，林县政府不得不考虑从辖区外引水救灾。经过专家讨论与多次实地调研，林县政府将山西省境内的浊漳河列为最佳取水地，并制定出严谨、合理的实施方案。

▲ 红旗渠修建中

1960年2月，经河南、山西两省人民政府协商批准，再由国家中央政府相关部门核定，“引漳入林”工程正式动工。

1960年3月6—7日，林县人民政府通过相关会议，将“引漳入林”工程重新命名为“红旗渠工程”，目的在于号召人民群众“举着红旗勇往直前”。

1965年4月5日，红旗渠总干渠正式通水。1966年4月，三条干渠全部通水。总干渠和三条干渠，先后闯过了悬崖绝壁50余处，斩断山岭246座，跨过沟河274条，建成各种建筑物994座，其中隧洞59个，长9016米，渡槽59座，长2634米，涵洞206个，建路桥、洪水桥318座，泄水闸33座，节制闸21座，其他放水闸口等298个。1969年，与总干渠相配套的各干渠、支渠、斗渠完成施工；同年7月，总工程全面完工。至此，历经十年努力，红旗渠水利工程系统建设目标得以实现，除了有效解决全县群众的生活用水问题外，还能有效为境内54万亩耕地提供灌溉用水。

▲ 如今的红旗渠美景

红旗渠工程建成并投入使用后，林县凭借红旗渠、南谷洞水库以及其他引水蓄水工程所带来的资源，逐步摆脱“十年九旱”“常年人畜吃水难”等困难局面。据相关资料记载，红旗渠可有效为3.6万公顷的耕地提供灌溉用水，其中有3.48万公顷的灌溉面积属于自流灌溉。到20世纪末，该工程总引水量高达80亿米^3，年均引水量2.8亿米^3，有效保障境内67万人以及3.7万头牲畜的吃水问题；同时有效改善了自然环境，粮食产量也得到明显提高。除此之外，红旗渠还有效推动了林县境内的林牧业、矿产业以及交通运输业等产业的发展。因此，红旗渠又被当地人民称为“生命渠”“幸福渠”。

◎ 第三节 调水补水工程显神力

一、南水北调中线工程

1952 年毛泽东主席在视察黄河时提出了一个宏伟的设想：“南方水多，北方水少，如有可能，借点水来也是可以的。”自此开始，水利等有关部门就开始了南水北调工程的研究。整整 50 年中，专家们提出了不少于 50 种的工程方案，先后经历了探索阶段（1952—1961 年），以东线为重点的规划阶段（1972—1979 年），东、中、西线规划研究阶段（1980—1994 年），论证阶段（1995—1998 年）和总体规划阶段（1999—2002 年）。几十年来，直接参与规划和研究工作的科技人员超过 2000 人，涉及经济、社会、环境、农业、水利等众多学科。为了保证规划和研究成果的质量，先后召开了近百次专家咨询会、座谈会和审查会，与会专家近 6000 人次，其中中国科学院和中国工程院院士 110 多人次。南水北调工程成为多学科、跨地区、宽领域团结合作的典范。

2002 年 12 月 23 日，国务院正式批复《南水北调总体规划》。根据规划，南水北调工程分东、中、

▲ 2014年12月12日，南水北调中线一期工程正式通水

西三条调水线路，与长江、淮河、黄河和海河相互连接，构成我国水资源“四横三纵、南北调配、东西互济”的总体格局，三条线路调水规模448亿米^3，其中东线148亿米^3、中线130亿米^3、西线170亿米^3。规划投资4860亿元，建设周期40～50年。

工程规划和建设坚持“先节水后调水，先治污后通水，先环保后用水”的“三先三后”原则，工程分期分批实施。2002年12月先期开工建设东、中线一期工程。

本书重点介绍中线工程。中线工程从加坝扩容后的丹江口水库陶岔渠首闸引水，沿线开挖渠道，经唐白河流域西部过长江流域与淮河流域的分水岭方城垭口，沿黄淮海平原西部边缘，在郑州以西李村附近穿过黄河，沿京广铁路西侧北上，可基本自流到北京、天津。输水干线全长1432千米（其中天津输水干线156千米）。规划分两期建设，先期实施中线一期工程，多年平均年调水量95亿米^3，向北京、天津在内的19个大中城市及100多个县

▲ 以南水北调工程为题材拍摄的电影《天河》

（市）提供生活、工业以及农业用水。南水北调中线工程是实现我国南北方水资源优化配置、促进经济社会可持续发展、保障和改善民生的重大战略性基础设施，对于缓解京津冀地区供水危机、维持社会稳定、支撑经济发展、改善生态环境等都具有显著的效益。

2014 年 12 月 12 日，南水北调中线工程全面通水。之后的几年，南水北调中线工程供水量连年上升，效益逐步发挥，改变了黄淮海平原受水区供水格局，极大地缓解了水资源供需矛盾。中线工程已经成为沿线 20 余座大中型城市的主力水源，保障了沿线城市生产生活用水，直接受益人口超过 5859 万人，产生巨大的经济社会效益。北京城区供水中“南水”占比超过七成，受益人口达 1100 万人，全市人均水资源量由原来的 100 米^{3}提升至 160 米^{3}以上，供水范围基本覆盖城六区及大兴、门头沟、通州等地区；天津全市 14 个行政区的市民用上了南水，一横一纵、引滦引江双水源保障的新供水格局形成；河北省 500 多万人告别了高氟水、苦咸水；郑州市中心城区自来水八成以上为南水，减轻了地下水开采压力。南水北调中线工程向河南、河北、天津、北京等省（直辖市）30 条河流生态补水，沿线河流水量明显增加、水质明显改善，白洋淀上游干涸36年的瀑河水库重现水波荡漾，滏阳河等天然河道得以恢复，受水河湖周围地下水水位得到不同程度回升，提升了受水区人民群众的幸福感和获得感。

▲ 引滦入津工程纪念碑

二、引滦入津工程

20世纪改革开放以后，天津市经济迅速发展，人口剧增，用水量急剧加大，而主水源海河上游却因修水库、灌溉农田等，使流到天津的水量大幅度减少，造成天津供水严重不足，为此天津曾从北京密云水库调水。1981年8月，为了保障北京用水，密云水库无力再向天津调水，天津面临水源断绝，不得不准备分批停产，甚至紧急疏散人口。在引滦入津工程未通水前，天津曾六度引黄河水解燃眉之急。由于长期超采地下水，造成地面沉降严重、海水入侵、湿地萎缩等一系列生态危机。

引滦入津工程包括坐落在滦河干流上的潘家口水库、大黑汀水库和引滦入津输水工程。

潘家口水库位于河北省迁西县境内，1975年3月动工修建，1979年12月正式蓄水，1981年首台机组并网发电。潘家口水库总库容26.3亿米^3，其中兴利库容19.5亿米^3。主要作用为调蓄滦河水量，是跨流域调水的水量储备空间。

大黑汀水库位于潘家口水库以下30千米处，总库容3.37亿米^3，主要作用是承接潘家口水库来水，抬高水头，实现跨流域供水。

引滦入津输水工程全长234千米，跨越河北、天津4个县(市)，主要工程有引水隧洞、河道治理、泵站建设、明渠施工、倒虹吸、水闸建设、桥梁建设、水库建设、水厂建设等多项工程。1981年工程开始建设，1983年7月正式建成。

截至2018年8月31日，引滦入津枢纽工程累计向天津、唐山地区供水409亿米^3，极大地缓解了城乡用水矛盾，成为天津、唐山两市经济社会科学发展的“生命线”；累计发电126亿千瓦时，较好地完成了华北电网的调峰和首都重要会议、节日的备用发电任务。同时，工程防洪减灾能力日益增强，先后调蓄1000米^3/秒以上的洪水12次，2000米^3/秒以上的洪水9次，发挥了巨大的防洪减灾效益，保障了下游地区人民生命财产安全。

三、珠江压咸补淡调水

珠江由西江、北江、东江和珠江三角洲诸河4个水系组成，地跨云南、贵州、广西、广东、湖南、江西，香港、澳门特别行政区也在流域内。西江、北江、东江分别汇入珠江三角洲后，经虎门、焦门、洪奇门、横门、磨刀门、鸡啼门、虎跳门和崖门八大口门入注南海，河口成“三江并流、八口出海”纵横交错的形态，且受径流和潮汐共同作用。

珠江三角洲地区是我国改革开放的前沿地带，人口众多、工商业发达、城市化程度较高。但近年来区域内用水量急剧上升，供水安全成为焦点问题。

2002年以来珠江流域持续干旱，珠江三角洲河口地区咸潮上溯、海水倒灌现象日趋严重，到

2004年秋后，珠江咸潮发展成为近20年来最为严重的灾害，个别地区咸情超过历史上最严重的1963年。

▲ 珠江咸潮上溯期间，大藤峡水利枢纽加大流量，向下游补充抵御咸潮（引自水利部网站）

咸潮问题严重影响了珠江三角洲地区广大人民群众的身体健康和正常的生活生产秩序，造成了巨大的社会影响和经济损失。澳门、珠海、中山、江门、广州、东莞等地一度有1500万人用水紧张。最严重时，澳门、珠海两地不能正常取水达170多天，只得采取低压供水，并将供水含氯度标准降低到400毫克/升以下（国家饮用水含氯度标准≤250毫克/升），广州市部分地区也实行间歇供水，总体来说居民饮水面临严峻的断水威胁。咸潮所及地区的一些工业企业因用水含氯度过高而被迫处于半停产状态，大片农田被咸水浸渍，沿海及河网地区生态环境受到不同程度的破坏。

为了解决2004年咸潮入侵带来的供水危机，珠江流域实施了第一次大规模长距离压咸补淡应急调水，于2005年1月17日启动，历时20多天，完成了压咸补淡任务，取得了显著的社会、经济和生态效益。此次调水从珠江上游增调水量8.43亿米^3，下游各地直接取用淡水5411万米^3，利用河道储蓄淡水4500万米^3，使珠三角及澳门特区1500万人的饮用水困难得以解决。同时，受咸水影响的企业生产也恢复正常状态。此外，珠三角河网地区2.3亿米^{3}水体得以置换，水环境明显得到改善，水质从调水前的Ⅳ～Ⅴ类水提高到Ⅱ～Ⅲ类水，生态效益十分显著。

知识拓展

咸潮及其危害

咸潮，又称咸潮上溯、盐水入侵，是一种天然水文现象。当淡水流量不足时，海水倒灌，咸淡水混合造成上游河道水体变咸，即形成咸潮。咸潮一般发生于冬季或干旱的季节，即每年10月至次年3月常出现在河海交汇处。

咸潮危害具体表现为自来水会变得咸苦，难以饮用，而长期饮用氯化物含量超标的水会对人体健康产生较大危害；工业生产使用含盐分多的水会损害机器设备；对于农业生产，使用咸水灌溉农田，则会导致农作物萎蔫甚至死亡。

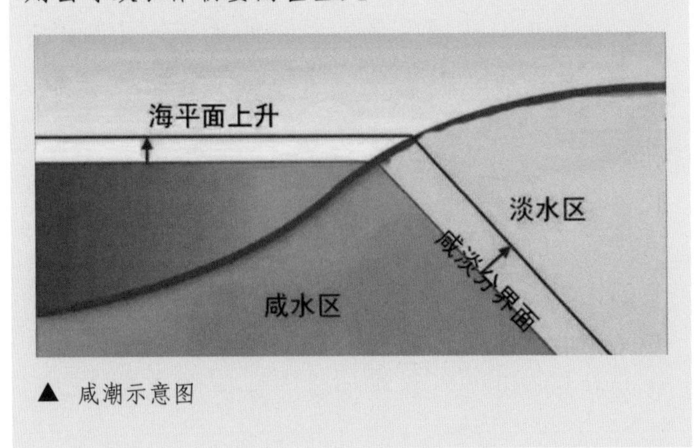

▲ 咸潮示意图

四、引江济太补水工程

引江济太补水工程主要从长江调水补给太湖。太湖流域水资源开发利用率高、流域内用水需求大、水污染情况严重，引发了多次供水危机，引

▲ 引江济太工程望亭水利枢纽（太湖局 吴浩云 摄）

江济太补水工程在保障供水安全方面发挥了巨大的作用。如2003年黄浦江污染事故后、2007年无锡因旱城市供水不足、2010年世博会供水保障等，引江济太补水工程都发挥了重要作用。

2007年4月后，太湖流域高温少雨，梅梁湖等湖湾出现大规模蓝藻现象，无锡市太湖饮用水水源地受到严重威胁。5月16日，梅梁湖水质变黑；22日，小湾里水厂停止供水；28日，贡湖水厂水源地水质严重恶化，水源恶臭，水质发黑，溶解氧下降到0毫克/升（当水中的溶解氧值降到5毫克/升时，部分鱼类会发生呼吸困难），氨氮指标上升到5毫克/升（V类水质地表水氨氮含量的2.5倍），居民自来水臭味严重。为应对太湖蓝藻暴发造成的无锡市供水危机，太湖流域管理局从5月6日起紧急启用常熟水利枢纽泵站从长

▲ 2007年，太湖流域蓝藻暴发

江实施应急调水。5月30日，根据水利部的要求，太湖流域管理局与江苏省人民政府防汛抗旱指挥部、无锡市人民政府紧急会商，及时采取措施，最大限度地加大望虞河引江入湖水量，长江引水量从160米^3/秒增加到220米^3/秒，入太湖水量从100米^3/秒增加到150米^3/秒。同时，严格控制环湖口门运行，适时减少太浦闸泄量。通过引江济太，直接受水的太湖贡湖水域水质明显好转，承担着无锡市20%居民供水的锡东水厂水质稳定。

在2007年引江济太应急调水中，太湖水位总体呈上涨趋势，调水期间太湖水位维持在3.00～3.20米，再加以梅梁湖泵站的引流作用，加快了贡湖和梅梁湖等水域的水体流动。由于长江清水大量进入贡湖，有效抑制了贡湖等湖湾蓝藻生长，贡湖湾锡东水厂的叶绿素a质量浓度由调水前的53微克/升逐步降低到10.5微克/升，（叶绿素a指标从V类水质标准，降低到Ⅲ类水质标准）贡湖湾蓝藻暴发现象得到明显抑制。数据表明，长江水质指标化学需氧量、总氮、氨氮指标均优于太湖平均值，总磷虽然略高于太湖平均值，但优于太湖西北部湖区和北部湖湾区（梅梁湖、竺山湖）水质指标，引江济太调水措施总体有利于太湖整体水质改善。

五、坎儿井

坎儿井是以高山雪水为水源，从雪山向四方辐射的一种地下输水工程。主要分布于新疆吐鲁番、哈密一带的地下引水渠道，供村镇供水和农田灌溉。坎儿井是开发利用地下水的一种很古老的水平集水建筑物，适用于山麓、冲积扇缘地带，主要用于截取地下潜水来进行农田灌溉和居民用水。新疆的坎儿井与万里长城、京杭大运河并称为中国古代三大工程。新疆的坎儿井总数近千条，像一张大网覆盖着新疆地区，把这些井加起来，全长约5000千米，相当于从黑龙江省到新疆维吾尔自治区的距离。

坎儿井的形成具有特定的自然地理原因。吐鲁番盆地位于欧亚大陆中心，是天山东部的一个典型封闭式内陆盆地。由于距离海洋较远，且周围高山环绕，加以盆地窄小低洼，潮湿气候难以浸入，降雨量很少，蒸发量极大，故气候极为酷热，自古即有“火州”之称。由于盆地的气候条件极为干旱，地面径流比较缺乏。盆地北面由冰雪和降雨补给的天山水系以数十条山谷河流形式流向盆地。其中主

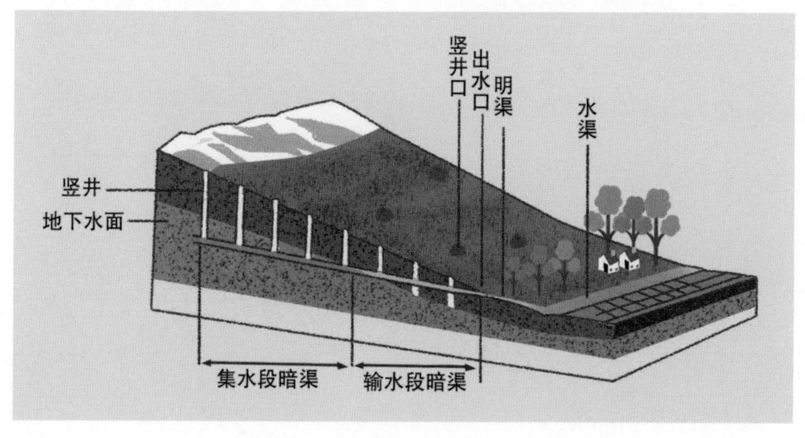

◀ 坎儿井

▲ 新疆坎儿井

> **小贴士**
>
> **坎儿井的不同叫法**
>
> 据近代著名历史学家王国维研究，坎儿井起源于西汉，是龙首渠竖井隧道施工技术的西传。此外也有来自伊朗和西域本地发明等说法。坎儿井，新疆维吾尔语称为“坎儿孜”，新疆汉语称为“坎儿井”或简称“坎”。伊朗波斯语称为“坎纳孜”。苏联俄语称为“坎亚力孜”。从语音上来看，彼此虽有区分，但差别不大。我国内地各省叫法不一：如陕西叫做“井渠”，山西叫做“水巷”，甘肃叫做“百眼串井”，也有的地方称为“地下渠道”。

要的河流按自东向西排列顺序有卡尔齐、柯柯亚、二唐沟、克郎沟、煤窑沟、塔尔浪沟、大河沿、白杨河的阿拉沟等。目前，新疆地区已利用的泉水和坎儿井水的水量加上湖面蒸发的水量远远超过了地面径流量。地下水的补给来源，除了河床渗漏为主以外，尚有天山山区古生代岩层裂隙水的补给，由此看来吐鲁番盆地的地下水资源是比较丰富的。加上戈壁滩地面坡度大，在自然条件下横向开挖坎儿井便成为一种巧妙引水方式。

坎儿井大体上是由竖井、地下渠道、地面渠道和“涝坝”（小型蓄水池）四部分组成。吐鲁番盆地北部的博格达山和西部的喀拉乌成山，春夏时节有大量融化的积雪和雨水流下山谷，潜入戈壁滩下。人们利用戈壁滩坡度大的特点，巧妙地创造了坎儿井，将地下渠道横向伸入地下含水层，引地下水自流出地面。竖井有两个用处：一是地下渠道开挖时，把土方从竖井中提出；二是让渠道中的水与大气有连接面且不暴露在太阳下。这样，坎儿井可不受炎热、狂风影响，避免了水分的大量蒸发，因而流量稳定，保证了自流灌溉。当坎儿井水流出地面，因地下渠道的水十分清凉，不能够直接浇灌庄稼，就设计了地面渠道和涝坝，使地下流出的水得到太阳的照耀升温，然后再为人们使用。

开挖坎儿井方法是：先凿竖井探明水脉（含水层），然后沿水脉向上游和下游，由地表向下挖掘一长排竖井。竖井的深度，向下游逐渐减小。各个竖井之间的地层挖通成为高约 2 米、宽约 1 米的卵形暗渠。坎儿井暗渠长度不一，最长可达 30 千米。

几十年前，吐鲁番盆地和哈密盆地利用坎儿井水浇灌的农田面积占到当地总耕地面积的三分之二，对发展当地农业生产和满足居民生活需要等都具有很重要的意义。但是自 20 世纪 70 年代大规模发展机井之后，地下水位显著下降，吐鲁番的坎儿井呈衰减之势。20 世纪 50 年代全疆坎儿井多达 1700 条，80 年代末已降至 860 余条。吐鲁番地区坎儿井最多时达 1273 条，目前仅存 725 条左右。

◎ 第四节 国外抗旱新思路

▲ 干旱使科罗拉多河流域水库水位连年下降

一、美国典型非工程措施

美国是一个旱灾频发的国家，经常受“厄尔尼诺”和“拉尼娜”等海洋现象、北大西洋涛动异常以及临近地区高气压系统的影响。在影响美国的各类主要气象灾害中，干旱发生的频率和造成的损失都居于首位。美国的自然降水量分布东部较多，西部较少，西部科罗拉多河下游地区甚至不足90毫米，为全国最干旱、水资源最紧缺的地区。为了有效地防御干旱造成的影响，美国采取了一系列抗旱减灾措施，本书主要介绍旱情监测预警产品、旱灾保险两方面。

1. 监测预警产品

美国开发了多种用于干旱监测的产品，建立了“国家集成干旱信息系统”（National Integrated Drought Information System，简称NIDIS），其目的在于让社会各界了解干旱的威胁，对潜在的干旱发展进行预报和评估，并为减轻旱灾提供详尽的数据和建议，提早采取应对措施，以降低旱灾的破坏。

美国的干旱监测，具有以下几方面特色：一是产品本身具有很好的参考价值，不仅融合了众多量化的指示等客观信息，同时还考虑了专家的主观分析；二是研发模式上实现了部门间的合作和信息资源共享，而非部门各自为政，打破了信息壁垒；三是产品的目标对象不仅仅是政府及相关部门，更以直观简明的形式提供给普通民众，对强化公众干旱灾害风险意识起到了很好的作用。

2. 规避旱灾风险的金融工具

为了规避旱灾风险，一方面美国农民利用期货和期权保值的方式，降低了因旱灾所造成的经济损失；另一方面，政府充分发挥宏观调控的职能，对农业灾害风险采取干预，为农业灾害风险提供农业保险，以降低农户旱灾损失。美国的农业保险始于1938年颁布的《联邦农作物保险法》，期间经过了多次改革和调整，最终形成了由政府宏观调控、立法管理、财税补贴，由私营保险公司经营的模式。其特点是覆盖面广、险种多、经营形式灵活，自愿保险、强制保险与利益诱导相结合。联邦政府还对农业保险提供经济支持、免税、补贴和再保险等扶持政策，保证了农业保险的非营利性。

二、澳大利亚“用水效率标识和标准”计划

澳大利亚是世界上最大的干旱大陆，约70%的国土属于干旱或半干旱地带，多年平均降水量不足500毫米，年降雨量的变化幅度较大，且时空分布不均。在所有影响澳大利亚的自然灾害中，干旱灾害造成的经济损失最为严重。澳大利亚干旱管理改革始于20世纪90年代，经过二三十年的不断探索和总结，在对抗干旱方面已经形成了

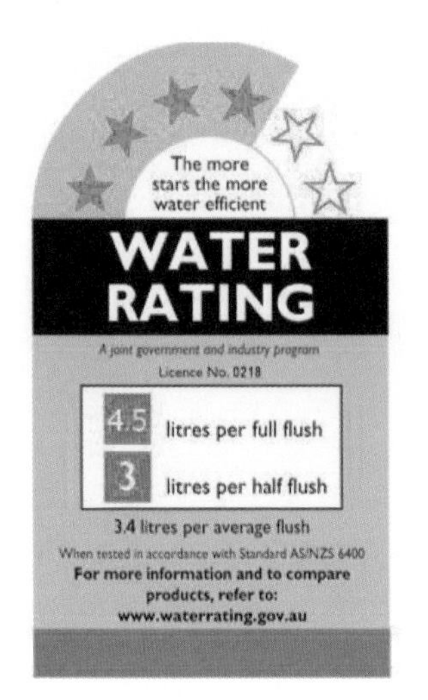

▲ 澳大利亚 WELS 计划标识

独特的管理模式。

澳大利亚实施“用水效率标识和标准”计划（Water Efficiency Labelling and Standards，简称 WELS），主要通过强制性用水效率标识推广节水产品，用水效率标识可引导消费者选择高效节水产品，这与我国的生活电器能耗标识类似。WELS 通过标签上的 6 个五角星直观地提供了用水产品的用水效率情况，星形越多说明该产品用水效率越高，便于消费者对同类产品进行比较。

三、以色列的滴灌技术和“阶梯”水价

以色列的土地面积只有 203 万公顷，除西部沿海有不足总面积 1/5 的平原外，其余大多为高原、峡谷、荒漠和山区，国土一半以上属于半沙漠地区，自然条件较差，土壤贫瘠和缺水成了以色列农业发展的两大难题。以色列降水量时空分布不均，降雨主要集中在冬季的 11 月至次年 3 月，整个夏季则干旱少雨或无雨。以色列人均水资源量不足 400 米^3，是世界上人均水资源量最低的地区之一，有“水贵如金”之说。在应对缺水和干旱问题上，以色列采取了多种应对措施。

▲ 以色列农户正在田间为作物铺设滴灌设备

以色列优先发展节水且能耗低的灌溉技术产品和自动控制设备，生产了世界上最先进的节水灌溉设备，发明了世界上首屈一指的滴灌技术。滴灌技术的应用在保持水资源供应不变的基础上，使得以色列农业生产总量提高了 20 倍。同时，以色列将处

理过的废水替代淡水资源用于灌溉，而稀缺的淡水更多用于家庭和工业。超过87%的处理废水用于农业，约占全国灌溉用水的50%。此外，国家对灌溉设备的产品质量，制定了统一的标准，还设有检测机构，进行认真的监督和严格的管理，对于有质量问题的厂家采取巨额罚款或禁止进入市场的处罚措施。

1992年，以色列按照水的开采和处理成本，设定了三类价格的水：①来自浅井或地表水的低成本水，运输和分配投资低，费用为0.10～0.15美元/米^3；②来自深井或地表水的中等成本的水，需要高分配和抽水投资，成本为0.30～0.80美元/米^3；③高成本的水，由于要抽水到高海拔或是淡化水，成本超过0.80美元/米^3。

用水户的管理也相当严格，所有的用水户都按量收费，并实行差别收费以及按计划供水和超用惩罚制度。以色列国家饮用水和卫生服务的收费为两级递增式。第一级（A级）水费为1.8美元/米^3（2016年，下同），对应的消费为人均每月3.5米^3（每天115升）；第二级水费（B级）加价61%，2.85美元/米^3。大约75%的家庭用水属于第一级水费。超配额用水以前需要交大额罚款，现在则需要支付更高的价格（C级水费）。农业生产用水实行定量不定时，根据土地面积的多少，全年配给一定的水量。水量用到规定数额，计量装置自动控制关闭闸门。超额用水则多交水费，且增加2～3倍的罚款，其超用的部分计入来年的用水配额，如果连续超量使用，最终将停止其用水资格。

后记

后记

水是生命之源，人们的生活中时时刻刻离不开水。然而，受到降水及水资源时空分布不均匀、气候异常等自然因素以及人口增加、社会经济发展等人为因素的影响，我国洪涝及干旱灾害频发，带来了难以遗忘的伤痛记忆，长久以来影响着人们的生活、生产、生态，也给生命和财产安全带来极大的影响和损失。当前，洪涝和干旱灾害仍然是我国危害最大、造成损失最严重的自然灾害。在与水旱灾害不断地抗争中，人们逐渐对其有了更加深入的认知，修建了许多防洪抗旱工程，也积累了大量经验和应对洪涝干旱的方法。各主要江河基本形成了以水库、堤防、蓄滞洪区或分洪河道为主体的拦、排、滞、分相结合的防洪工程体系和水文预测预报等防洪非工程体系。同时，形成了以蓄、引、提、调水工程为主的工程保障体系，以及法律法规、工作制度、规划预案、监测预测预警等非工程措施体系。这些工程体系全面提高了抗御水旱灾害的能力，有力支撑了经济社会的高速发展。

随着人类文明的发展，治水的理念也逐渐从人水争地转变到了人水和谐，从与水旱抗争到与灾害相处。然而，近年来全球气候变化导致的极端天气事件频发，加上社会对水安全保障的要求逐渐提高，对我国当前防洪抗旱减灾能力提出了更高的要求，防灾减灾仍是一项长期而艰巨的任务。期望社会大众通过阅读本书，能够了解更多水旱灾害及防洪抗旱方面的知识，熟悉在洪涝或干旱灾害期间的自救常识，减少人民的生命和财产损失。

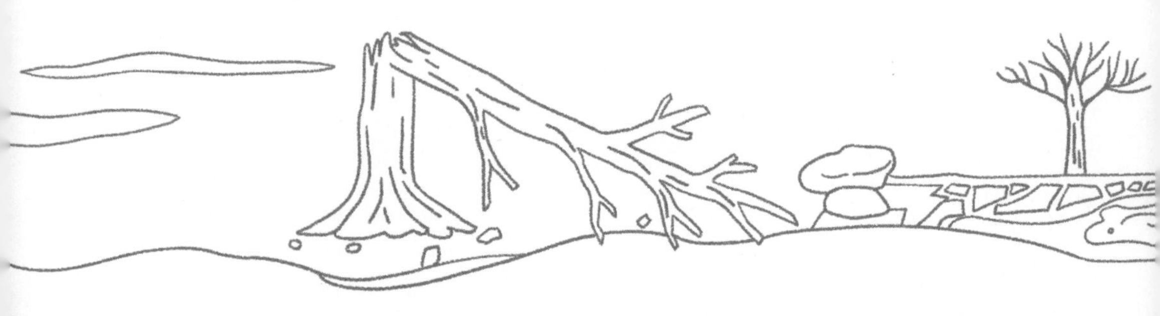

参考文献

[1] 国家防汛抗旱总指挥部办公室.防汛抗旱行政首长培训教材[M].北京：中国水利水电出版社，2006.

[2] 国家防汛抗旱总指挥部办公室.防汛抗旱专业干部培训教材[M].北京：中国水利水电出版社，2010.

[3] 国家防汛抗旱总指挥部办公室.抗旱减灾手册[M].北京：人民出版社，2010.

[4] 国家防汛抗旱总指挥部办公室，水利部政策法规司.中华人民共和国抗旱条例学习材料[M].北京：中国水利水电出版社，2009.

[5] 国家防汛抗旱总指挥部办公室，水利部南京水文水资源研究所.中国水旱灾害[M].北京：中国水利水电出版社，1997.

[6] 国家防洪抗旱总指挥办公室，水利部政策法规司：国务院令〔2009〕552号.中华人民共和国抗旱条例[S].北京：中国水利水电出版社，2009.

[7] 中华人民共和国水利部.旱情等级标准:SL 424—2008[S].北京：中国水利水电出版社，2009.

[8] 徐乾清.中国防洪减灾对策研究[M].北京：中国水利水电出版社，2002.

[9] 富曾慈，胡一三，李代鑫.中国水利百科全书——防洪分册[M].北京：中国水利水电出版社，2004.

[10] 刘树坤，杜一，富曾慈.全民防洪减灾手册[M].沈阳：辽宁人民出版社，1993.

[11] 王建跃，孙小利.美国“卡特里娜”飓风灾害[R].北京：中国水利水电科学研究院，2005.

[12] 韩永翔，张强.气候变化对荒漠化的影响[N/OL].中国气象报，2003-04-08[2022-04-01]http://www.gxxnw.gov.cn/nyqx/nyqx_connect.asp?summ=3400489.

[13] 谭徐明.近500年我国北方地区重大旱灾及规律的研究[J].防灾减灾工程学报，2003，2：77-83.

[14] 水利部水利水电规划设计总院 . 中国抗旱战略研究 [M]. 北京：中国水利水电出版社，2008.
[15] 吴玉成，高辉 . 新中国重大干旱灾害抗灾纪实 [J]. 中国防汛抗旱，2009，19（A01）：27.
[16] 刘斌 . 以色列抗旱节水高效农业对我们的启示 [J]. 甘肃农业，1996，7：23-25.
[17] 杨蕴玉 . 澳大利亚的节水措施及其启示 [J]. 干旱地区农业研究，2005，23（4）：3.
[18] 谭永文，谭斌，王琪 . 中国海水淡化工程进展 [J]. 水处理技术，2007，33（1）：3.
[19] 张钰，徐德辉 . 关于干旱与旱灾概念的探讨 [J]. 发展，2001-（sl）：3.
[20] 中华人民共和国水利部 . 兴利除害富国惠民——新中国水利 60 年 [M]. 北京：中国水利水电出版社，2009.
[21] 吕娟 . 水多水少话祸福：认识洪涝与干旱灾害 [M]. 北京：科学普及出版社，2012.
[22] 张世法，苏逸深，宋德敦，等 . 中国历史干旱：1949—2000[M]. 南京：河海大学出版社，2008.